不只是家常菜
是讓人想回家
吃飯的好味道。

ㄚ樺媽媽一生必學的101道暖心家常菜

U0070056

CHAPTER 1 自製醬料&泡菜

Chapter 2 豬牛羊料理

目錄 CONTENTS

Chapter 3 雞鴨家禽料理

Chapter 4 水產海鮮料理

Chapter 5 蔬菜雞蛋料理

Chapter 6 主食粥粉飯麵

目錄 CONTENTS

Chapter 7 湯品類

推薦序

在現今這個以外食為主，並且多數皆以化工添加調味的美食市場中，慶幸還有人在默默叮嚀消費者，要注意化工製程的商品對人類健康的危害…本書作者～樺媽就是其中一位！

2021 年的疫情，讓在家～自「煮」健康管理成為顯學，這一「煮」讓素人樺媽在網路默默經營十多年的巧手廚藝終於被看到！可謂十年磨一劍呀！一般讀者看到的食譜書多是藝人或是大廚的作品，我每每看到藝人食譜書，總覺得這只是藝人想要多角化經營自己，或許多是由大廚操刀再藉藝人掛名的作品也未可知？看到名廚出書，卻又覺得內容如武功密笈，沒有一點功夫底子是很難上手的！但，看到樺媽的這本食譜，才知道原來食譜可以這樣簡單與直白，當別人在炫技時，樺媽在教打底，當別人在炫味時，樺媽在炆真味，當別人在用大量化工調味時，樺媽實打實的煮出天然美味。每每看到細節處，就有種～原來如此的快活。對於瞭解外食中有太多商業利益下的黑心調味後，想要遠離外食風險的朋友，這本書會是您找回家中美味的起手教科書，更是那些願意回家守護家人健康朋友的美味寶典，絕對值得收藏。

認識樺媽是在虛擬的網路上，與她對談後發現樺媽做菜的出發點只是因為「久居外地，思念台味」，這樣的思念驅使樺媽成為現在我認識的～食物魔法師。

簡單帶來健康，美味引來幸福～這本食譜書就有這樣的魔力！當人們活在這虛實不分的當下，感謝有樺媽在延續健康的家中美味。

最後，在紙本書漸漸消失的時代，還有人願意把自己過去心得整理成冊，建議大家拿到這本書後，可以靜下心來，跟著樺媽的筆記食譜一起做，一定可以打破菜系藩籬，做出居家經典美味。

黑豆桑靜置釀造醬油 創辦人　王政傑〔老王〕

推薦序

　　「我們吃過最好的食物，未必是最新奇、昂貴、精緻的，有些反而極樸實、極家常。明白這一點，大約就懂了怎麼做好菜，自然也懂得怎麼過好生活。」嚮往簡單生活，想要隨興下廚，又怕面對失敗的成果，在市場更是不知如何採買，其實只要回歸人類的做菜本能就能做到。

　　這本書示範如何隨手烹調出簡樸的家常美味。內容包含了：中式、異國、蔬食與湯品等單元，不論是菜單設計或是作法，都是以家庭烹調方式為主，淺顯易懂，方便又實用！跟著本書指引，隨意做出美味的三餐絕不是難事。

MÚO Steakhouse- 行政主廚
李中煜

推薦序

　　一個平凡無奇的一個下午，卻有著驚奇有趣的一場相遇相識。

　　與阿樺媽媽相識於一場直播現場，這是我人生第一次參加美食直播，剛開始時覺得這個廚藝老師也太不專業，邊準備食材還在看自己的食譜，後來才知道這是她個人對料理教學的專業態度。因為她對於食材分量精準度拿捏得很好，要精準控制成本，要讓成品是完美的呈現出來，既是一個專業的廚藝老師，也是每個家庭煮婦、煮夫的分身。令人驚豔的是，做菜時注重每個步驟程序的人，看似一板一眼墨守舊規的人，在做菜時又可以靈活地解決臨場發生的狀況，這沒有多年的料理教學經驗是無法有這般的反應。

　　在看完阿樺媽媽第一本的料理書「阿樺媽媽的百味餐桌」時，就已經開始引領期盼她的下一本著作。很榮幸的身為阿樺媽媽的忠實粉絲，可以在第一時間拜讀她新的大著作，還受邀為這本書寫序，我真心要在這裡跟讀者強烈推薦這本新的料理書。讀者在這本新的著作，將能看到我們料理的靈魂「醬料」的製作，以及更多運用這些底醬製作出來的家常菜。我也因此受益又多學了幾道醬料的運用在我自己餐廳的菜色上面。

　　各位讀者，記得未來要做菜前，先看看這本書，挑定菜色後，再開始大展身手。這本書絕對會是你們未來在料理上的好幫手、好導師。

Felice 享樂咖啡 & 大安站那邊精緻熱炒　總監
邱建凱 Leo

作者序

　　餐桌上的媽媽味是一種會讓孩子長久記憶在心坎裡！是一種會代代相傳，讓人想延續下去的家庭味道。

　　簡單的一尾乾煎魚、一鍋噴香的紅燒肉加魯蛋、一盤再簡單不過的蒜炒青菜、一碗清爽的丸子青菜湯，在我小時候會覺得⋯啊～怎麼又是吃這些⋯覺得不如外面的漢堡、炸雞來得吸引人！長大之後，外食變多了，大餐也吃多了，反而愈發的想念～曾經的那一桌家常味！

　　很多時候，做菜～常常是讓媽媽們覺得辛苦的一件事，但是在經過一番忙碌的洗洗切切之後，端上桌，一家人熱熱鬧鬧的坐在一起吃飯，邊吃邊聊著一整天發生的事情，如果還能聽到孩子說一聲：「老媽～這個 XXX 好好吃喔！」立馬就覺得做菜一點都不辛苦了～（腦中馬上出現，灑花轉圈圈的畫面了～哈哈哈！）

　　我常常跟小屁孩子說：「現在妳要好好珍惜，咱們一家人可以坐在一起聊天吃飯的時光⋯等妳長大後開始忙碌的生活，會讓妳有很多一個人吃飯的時候！」

　　（所以⋯現在⋯立馬把手機給我收起來⋯哈哈哈～）

　　這次書中的料理都是比較簡單易上手的，全部有１０１道，相信可以讓大家的餐桌有更多變化，每道菜都附上了ㄚ樺媽媽的廚房小祕訣，希望能讓大家更容易上手學習及用來變化料理內容，最後祝福每位媽媽都能輕鬆煮、快樂煮、小孩不挑食、老公不囉嗦呦～啾咪！！

ㄚ樺媽媽

CHAPTER
1

自製醬料＆泡菜

在家可以自製常備醬料及泡菜在冰箱裡，
讓你在下班後簡簡單單即可變出一桌好菜。
泡菜也是很萬用的配菜，也可以加入主菜裡增添風味。
經濟又實惠的常備菜，請大家一起來試試！

廚房小祕訣

❶ 糖的作用除了增添風味外，亦有定色功能。

❷ 可以將發酵好的剁椒用花生油炒透炒香，裝入玻璃瓶中冷藏保存。
（變身成可以直接當辣椒沾醬使用的發酵剁辣椒醬！）

發酵剁辣椒

材料

1 　大紅辣椒　500g
2 　朝天椒　500g
　　（兩種相加 1000g 為 100% 計算）
3 　蒜頭　100g（10%）
4 　鹽　100g（10%）
5 　冰糖　50g（5 ～ 8%）
6 　高粱或純米酒　30g（3%）

註 如果喜歡吃辣，可以全用朝天椒（兩種辣椒為調整辣度使用）。
註 可以不放蒜頭，則為純辣椒剁椒（可額外增添薑末調整風味）。
註 材料標註百分比，方便讀者依據食材數量來調整比例。

步驟

1 　辣椒洗淨晾乾，蒜頭去皮洗淨晾乾，用菜刀剁碎（或是放入調理機打碎）。
2 　將剁辣椒、剁蒜頭、鹽、冰糖、高粱（或純米酒），放入乾淨玻璃罐裡，室溫發酵 3 ～ 10 天。
　　（發酵到喜歡的酸度後可以移入冰箱冷藏，發酵天數視天氣溫度調整。）

廚房小祕訣

❶ 乾辣椒粉拌入少許米酒或冷油，可以防止在倒入熱油的時候辣椒粉焦掉。
（也可從 500g 冷油中撈出少許使用，代替米酒。）

❷ 想讓潑油辣子的香氣更升級，可以在加熱的油中加入洋蔥、青蔥、薑、香菜…等
香料炸過後撈起。

❸ 如要做油潑麵使用，可以增加少許陳醋風味更佳。

自製簡易潑油辣子

材料

1   花生油   **500g**
2   帶籽紅辣椒粉   **150g**
3   白芝麻粒   **20g**
4   五香粉   **3g**
5   鹽   **10g**
6   冰糖   **10g**
7   純米酒   **30g**

> 註 辣椒粉可以選用四川二荊條辣椒粉（可增加朝天椒辣椒粉來調整辣度）。
> 註 花生油可以改用四川熟菜籽油風味更佳。

步驟

1   將紅辣椒粉、白芝麻粒、五香粉、鹽、冰糖、米酒放入較深的耐熱鍋中拌勻。
2   將花生油燒熱至 160℃後熄火，先將約 1／3 熱油倒入步驟 1 的香料鍋中拌勻。
3   續將剩下的 2／3 熱花生油全部倒入香料鍋中拌勻，靜置一晚即可。

廚房小祕訣

❶ 用加熱的油沖入刀口辣椒中，即為刀口辣椒油。（做法可以參考潑油辣子。）

刀口辣椒末

材料

1　乾紅辣椒　**250g**
2　花椒粒　**25 ～ 50g**
3　花生油　**30g**

> 註 乾辣椒可以選用二荊條乾辣椒、七星椒、子彈頭乾辣椒、宮保辣椒段。
> 註 花生油可以改用四川熟菜籽油。

步驟

1　將乾紅辣椒、花椒粒、花生油拌勻。
2　將步驟1材料倒入炒鍋中,開小火慢慢炒香,炒到辣椒變澎脆有點淺焦褐色,倒入大盤中攤平放涼。(不是炒到變黑發苦喔,這個部分要注意!)
3　用刀將攤涼的花椒、辣椒剁碎,裝入乾燥的瓶中即可。

廚房小祕訣

❶　拌好的三杯醬，可以用來炒海鮮、豬肉或雞肉都很方便喔。

三杯醬

材料

1 麻油 **2** 大匙
2 醬油 **2** 大匙
3 米酒 **2** 大匙
4 冰糖 **1** 大匙
5 醬油膏 **1** 大匙

> 註 如料理煮料為海鮮類，將醬油膏改為蠔油，鮮味更足。

步驟

1 將所有材料拌勻即可。

【黑豆桑】天然極品頂級厚黑金醬油（無麥麩）

主要成分為黑豆的黑豆醬油，醬油成分裡有甘草味噌等，以高粱代替小麥，適合對麥麩過敏的人食用的靜置釀造醬油。

不用加糖，滷味色澤漂亮入味，非常適合滷豬腳或是各式滷味料理，是紅燒滷推薦醬油。

廚房小祕訣

❶ 金銀蒜蒸醬用來蒸海鮮、蒸雞、烤生蠔、烤龍蝦、烤茄子、拌燙過的蔬菜，都很好用也很對味。

金銀蒜蒸醬

材料

1　蒜頭末（**A**）　50g
2　蒜頭末（**B**）　25g
3　薑末　**1** 小匙
4　剁辣椒　**1** 小匙
5　蠔油　**1** 小匙
6　冰糖　**1** 大匙
7　魚露　**1** 大匙
8　醬油　**1** 小匙
9　料理酒　**2** 大匙
10　花生油　150 ～ 200ml

Chapter 1 —— 自製醬料＆泡菜

註　剁辣椒可用一般紅辣椒代替
註　料理酒可用米酒、黃酒…皆可

步驟

1　炒鍋放入花生油，下蒜末（A）中火溫油焗至金黃（即為金蒜）。
2　原鍋續下蒜末(B)、薑末、剁辣椒(或辣椒末)、蠔油、冰糖、魚露、醬油、料理酒，
　　小火拌炒至斷生、糖溶後即可。

廚房小祕訣

❶ 可在上桌前拌入香菜末、蔥末、芹菜末增添風味。

❷ 五味醬拌勻後，放入冰箱靜置 1 天風味更佳。

DELICIOUS RECIPES | 06

五味海鮮醬

材料

1 醬油膏 2 小匙
2 砂糖 2 小匙
3 白醋 2 大匙
4 番茄醬 6 大匙
5 白芝麻香油 1 小匙
6 蒜末 2 小匙
7 薑末 1 小匙
8 大辣椒末 1 小匙

步驟

1 醬油膏、砂糖、白醋、番茄醬、香油、蒜末、薑末、大辣椒末拌勻，即為五味沾醬。

廚房小祕訣

1. 整塊金華火腿先入冷水煮沸 20 ～ 25 分鐘，夾出後沖冷水刷洗乾淨，加少許酒再蒸 30 分鐘。（整塊火腿熟腿處理方式）
2. 消毒方式：玻璃瓶洗淨；熱水燙過晾乾（或烤箱 100℃烘乾）。
3. 放辣椒粉可讓油的顏色鮮亮。

櫻花蝦干貝 XO 醬

材料

1	干貝　150g		8	冰糖　25g
2	櫻花蝦乾　50g		9	蠔油　1 大匙
3	金華火腿　30g		10	花雕酒　適量
4	蝦籽粉　10g		11	辣椒粉　1 大匙
5	紅蔥頭　100g		12	花椒粉　1／2 大匙
6	蒜頭　100g		13	花生油　800ml～1000ml
7	朝天椒　100g			

⊕ 花生油可用葵花油、葡萄籽油、玄米油…代替。
⊕ 不喜歡麻味的話，花椒粉可不放；花椒粉也可用花椒油代替。

步驟

1 干貝加花雕酒蒸 20 分鐘，剝絲備用。
2 金華火腿片加花雕酒蒸 20 分鐘，夾出後沖冷水刷洗乾淨，切細絲備用。
3 紅蔥頭、蒜頭、朝天椒 (去籽) 切末備用。
4 炒鍋放入葵花油，燒至中高油溫之後轉爐心小火 (約 140~150 度)。
5 放入處理好的干貝絲、櫻花蝦、金華火腿絲、蝦籽粉炸約 3 分鐘。
6 依序續放入紅蔥頭末、蒜頭末、辣椒末炸至金黃有香氣 (約 20 分鐘)。
7 放入調味料冰糖、蠔油、辣椒粉、花椒粉炸約 2 分鐘即可。

廚房小祕訣

❶ 可以增添少許乾式的香料，如八角、荳蔻、香葉…等，即是升級版的調味醬油。
（需注意份量，免得變成紅燒用的醬油！）

❷ 洋蔥、蒜頭、薑片…等新鮮香料，也可以隨喜好調整加入試試。

萬用調味醬油汁

材料

1　紅蔥頭　2 顆
2　青蔥　1 根
3　香菜（連根部）　1 株
4　老抽　2 大匙
5　生抽　4 大匙
6　清水　8 大匙
7　冰糖　4 大匙

8　麻油　2 大匙
　（口味淡的可以換白芝麻香油）

註　如果沒有老抽、生抽，則全部改成一般醬油即可。

步驟

1　紅蔥頭拍裂、青蔥用刀背拍過。
2　全部材料放入小鍋中，小火煮沸，放涼後過濾即可。

廚房小祕訣

① 全豬油在冰箱冷藏時較難挖取,可以在豬油中添加少許植物油(例如:葡萄籽油),
   這樣在冷藏狀態不易凝結成硬塊,比較容易取用。

② 同樣操作方式,可以炸雞油香蔥、鵝油香蔥。

③ 步驟 5 如將青蔥數量增加,則可以炸成蔥油使用

④ 炸過的洋蔥、青蔥,可以放到紅燒類的料理或是滷肉鍋裡增香;豬油渣則可以用
   來炒菜喔。

炸紅蔥酥與豬油

材料

1　豬板油　600g
2　紅蔥頭　300g
3　青蔥　5 根
4　洋蔥　1 個
5　清水　200ml

Chapter 1 ——
自製醬料＆泡菜

步驟

1 紅蔥頭去皮洗淨，去硬蒂頭順紋切片；洋蔥切條；青蔥切段備用。

2 豬板油熱水川燙，瀝乾後切成均勻小薄片狀備用。

3 炒鍋中放入豬板油及清水，中大火炸至豬板油金黃。

4 將步驟 3 中的豬油渣撈起。

5 原鍋續放入青蔥、洋蔥，中小火炸至洋蔥微焦黃，將炸過的青蔥、洋蔥撈起。

6 油鍋中放入步驟 1 紅蔥頭片，中火（油溫約 130 ～ 150℃）炸至紅蔥頭片呈淺金黃色即可撈起。

7 撈起紅蔥頭酥攤平在廚房紙巾或是鐵盤上降溫冷卻，冷卻後才將紅蔥酥及豬油分開或是混合裝瓶。（冷卻後裝瓶才能保持紅蔥酥的酥脆口感。）

自製醬料&泡菜

廚房小祕訣

① 浸泡水以瓶裝礦泉水、井水、燒開放涼的自來水（燒開是避免含氯）最佳。

② 避免醃菜變色，盡量用醃漬用鹽或是天然無添加鹽。（加碘、加鈣鹽就不適用。）

③ 酒釀汁裡有乳酸菌可以幫助泡菜發酵。（有乳酸菌的材料都可以拿來試試看。）

④ 糖除了增添風味外，亦有定色功能。（建議使用無色的糖以免影響泡菜顏色。）

⑤ 每次使用的時候建議先嚐一下泡菜水，適當的增加鹽或者是水。
　　（泡菜太酸則取出部分滷水，添加新的礦泉水。發酵太快則增加一點鹽。）

川味泡菜

材料

1　礦泉水　1000ml（100％）
2　醃漬用粗鹽　40g（3～4％）
3　酒釀汁　20ml（2％）
4　冰糖　30g（3％）
5　高粱（或純米酒）10ml（1％）
6　香料　適量
　　（花椒粒、八角、草果...等）

蔬菜類材料

1　高麗菜　1／2顆
2　紅蘿蔔　1根
3　辣椒　10根
4　嫩薑　1塊
5　豇豆　1小把

註　第一次起滷水的泡菜，直接吃比較不好吃，可以撈起炒菜使用。
註　建議不泡蒜頭，會讓滷水有點臭。

步驟

1　將泡菜鹽水調勻，倒入泡菜罈子裡。（或是用可以
　　密封的玻璃罐，但是不要鎖緊，因為發酵會產生氣體，
　　需要留一點空隙洩壓！）
2　所有蔬菜清水洗淨晾乾，切成適當大小，放入步驟1泡菜
　　罈中。（蔬菜可以放在太陽下曬一下，萎凋過後更好。盡
　　量將罈子塞滿。）
3　放在陰涼處，室溫發酵7～10天。（發酵天數視天氣
　　溫度調整。）

CHAPTER 2

豬牛羊料理

有常備的肉燥，也有各式風味的菜色，

以為要到餐廳才能享受的美味，

其實在家裡也能快速端上桌！

上菜後一定快速被掃盤，輕輕鬆鬆滿足全家人的胃。

廚房小祕訣

❶ 煸炒豬肉需有耐性逼油，煸香煸乾之後，煨煮才容易入味。

❷ 冷藏隔夜再吃更入味。

手切肉燥

材料

1	五花肉　600g	7	花雕酒　300ml	
2	豬皮　200g	8	熱水　1000ml	
3	紅蔥頭酥　100g	9	料理油　適量	
4	醬油　200ml		（也可以使用豬油、蒜油、	
5	醬油膏　2 大匙		紅蔥油）	
6	冰糖　50g			

> 🈯 材料中醬油、冰糖、酒、熱水的份量，可以視家庭的口味微調。

香料包材料

1	八角　1 個	5	花椒粒　1 小匙	
2	桂皮　1 小塊	6	五香粉　1／2 大匙	
3	香葉　3 片		（或是十三香粉、百草粉）	
4	甘草　3 片			

步驟

1. 豬肉、豬皮冷水下鍋川燙後洗淨，豬皮切丁，豬肉切成 0.8 ～ 1 公分寬小肉條備用。（冷水鍋中放入額外青蔥、薑片、米酒。）
2. 香料包材料放入棉布袋或是濾茶袋中備用。
3. 鍋中放入少許油、步驟 1 豬肉條，炒至金黃微焦狀態。
4. 續下冰糖，中小火炒至糖溶上色，下豬皮丁、紅蔥酥、醬油膏翻炒均勻。
5. 沿鍋邊嗆入花雕酒、醬油、熱水（淹過食材約 5 公分）、香料包，大火煮沸後轉小火煨 1 小時。（起鍋前可以用鹽稍稍調味。）

廚房小祕訣

❶ 煸炒豬肉需有耐性逼油,煸香煸乾之後,煨煮才容易入味。

❷ 使用 2 種以上品牌的咖哩粉,混合使用風味會更好。

咖哩肉燥

材料

1 豬梅花絞肉　600g
2 洋蔥　1 顆
3 蒜頭末　1 大匙
4 醬油　2 大匙
5 咖哩粉　2 大匙
6 白胡椒粉　1 小匙
7 米酒　100ml
8 熱水　1000ml
9 料理油　適量

> 註 材料中咖哩粉、熱水的份量，可以視家庭的口味微調。

步驟

1　洋蔥切末，炒鍋中放入少許油，下洋蔥末炒至金黃微焦。
2　鍋中續放入豬絞肉，炒至絞肉呈現金黃微焦略乾狀態，下蒜頭末炒香。
3　續下咖哩粉、白胡椒粉炒至有香氣。
4　沿鍋邊嗆入米酒、醬油翻炒均勻。
5　下熱水（淹過食材約 5 公分）大火煮沸後轉小火燜煮 1 小時，起鍋前可以用鹽稍稍調味即可。

廚房小祕訣

❶ 米酒可以換成黃酒或花雕酒,也有不同的風味喔。
　　(不過換了黃酒類,風味會變超級甜～怕甜的可以改用一半黃酒一半水。)

酒香紅燒肉

材料

1　五花肉　600g
2　蒜頭　20 瓣
3　二砂糖　2 大匙
4　醬油　100ml
5　純米酒　1 ～ 2 瓶
6　料理油　適量

> 註 米酒份量以可以淹過材料 5 公分為基準。
> 註 可加入少許鵪鶉蛋一同燉煮。

步驟

1　五花肉洗淨切大塊（約 3 公分），煎至表面金黃上色。
2　下二砂糖炒至糖融，五花肉表面上色微焦。
　　（此步驟很重要，需翻炒至感覺豬肉表面有點黏。）
3　續下蒜頭炒至有香氣，沿鍋邊下醬油嗆香並迅速翻炒均勻。
4　倒入米酒，燒開後轉小火燉煮入味（約 40 ～ 60 分鐘）。
　　（完成後如不夠鹹可用少許鹽調味，也可放少許白胡椒粉增香。）

廚房小祕訣

❶ 如果用一般大里肌，需要稍微用肉槌拍過，口感才會軟。

❷ 糖醋醬中的糖可以換成麥芽糖，醬汁顏色會更有光澤感。

糖醋小里肌

材料

1　豬小里肌肉　**300g**
2　甜椒　適量
3　洋蔥　適量
4　蒜末　1 大匙
5　番茄醬　2 大匙
6　白醋　3 大匙
7　二砂糖　3 大匙
8　太白粉　適量
9　炸油　適量

豬里肌醃料

1　黃酒　1 大匙
2　醬油　1 小匙
3　蒜泥　1 小匙
4　糖　1 ／ 2 小匙

步驟

1　洋蔥、紅綠甜椒切片備用。
2　豬小里肌切成約 0.5 公分片狀，用醃料醃 20 分鐘，均勻沾上太白粉備用。
3　炸鍋中放入適量的炸油燒熱（約 160℃），放入豬里肌炸 1 分鐘撈起瀝乾。
4　洋蔥、甜椒片高溫過油後瀝乾備用。
5　炒鍋中放入少許油，下蒜末炒香，續下番茄醬、糖、白醋炒至沸騰微微黏稠。
6　續放入步驟 3 豬里肌，翻炒至糖醋醬完全附著，放入步驟 4 洋蔥、甜椒片拌勻即可。

Chapter 2 ——

豬牛羊料理

廚房小祕訣

❶ 絞肉及蝦泥剁 2 次，可以使肉泥部分更細緻。

❷ 肉餡稍稍摔打會更有黏性。

❸ 不煎肉餅可以當成餃子餡喔！或是做成湯品裡的肉丸子。

香菜筍丁煎肉餅

材料

1 熟竹筍　1 個
2 豬絞肉　300g
3 蝦仁　100g
4 香菜　適量
5 米酒　1 大匙
6 醬油　2 大匙
7 全蛋液　1 個
8 薑泥　適量
9 糖　1 小匙
10 太白粉　1 小匙
11 胡椒粉　1 小匙

Chapter 2 ——

豬牛羊料理

步驟

1 熟竹筍切小丁、香菜切碎、蝦仁剁泥備用。
2 豬絞肉、蝦泥混合，用菜刀再剁一次，口感更細緻。
3 將竹筍丁、香菜末、米酒、醬油、蛋液、薑泥、糖、胡椒粉、太白粉與步驟 2 拌勻。
4 將絞肉泥稍稍摔打，捏成小圓球後稍稍壓扁，入鍋煎至兩面金黃熟透即可。

廚房小祕訣

❶ 滷好的牛腱用滷水浸泡，隔夜享用風味更佳。

❷ 相同滷水可做牛肚、牛筋、鴨翅、鴨脖子、鴨舌…等。

五香牛腱

材料

1　美國牛牛腱　2 顆（約 800g）

川燙材料

1　青蔥　1 根
2　老薑（拍裂）　1 小塊
3　米酒　100ml
4　清水（A）　適量
　　（淹過食材 3～5 公分的量）

滷水材料

1　桂皮　10g
2　花椒　10g
3　八角　3 顆
4　草果　1 顆
5　香葉　5 片
6　小茴香籽　10g
7　胡椒粒　10g
　　（黑、白胡椒粒皆可）
8　薑（拍裂）　1 小塊
9　青蔥　2 根
10　醬油　250ml
11　冰糖　30g
12　清水（B）　1500ml

註 薑塊、草果需拍裂。
註 喜歡辣椒香可放入少許乾辣椒。

步驟

1　湯鍋中放入牛腱心及川燙材料 1～4，煮沸後轉中小火煮 10 分鐘，撈起牛腱心洗淨瀝乾水分備用。

2　滷水香料 1～7 放入棉布袋或是濾茶袋中備用。

3　湯鍋中放入步驟 1 牛腱心、步驟 2 香料包、滷水香料 8～12，大火煮沸。

4　滷水鍋煮沸後撈除浮沫，加蓋轉中小火煮 60～90 分鐘。

5　關火，浸泡至少 1 小時，夾出冷卻後切片即可。

廚房小祕訣

❶　牛肉可以改用豬肉、雞肉皆可。

❷　榨菜改成醃大頭菜也很棒喔。

香干榨菜牛肉絲

材料

1	牛肉絲	**150g**		6	醬油	**1 大匙**
2	榨菜絲	**100g**		7	料理油	適量
3	豆乾	**5 片**				
4	大紅辣椒	**2 根**				
5	蒜末	**1 小匙**				

牛肉醃料

1　醬油　**1 小匙**

2　米酒　**1 大匙**

3　太白粉　**1 ／ 2 大匙**

4　白芝麻香油　**1 小匙**

步驟

1　牛肉用醃料依序拌入，醃 20 分鐘備用。

2　榨菜如果怕太鹹，可以切絲後用冷水浸泡 10 ～ 20 分鐘去除鹹味。
　　（偷懶的話，市售有不鹹的榨菜絲可以買喔！）

3　豆乾川燙過後切絲（跟牛肉絲粗細一致），紅辣椒切絲備用。

4　炒鍋中放入油燒熱，下步驟 1 牛肉絲炒至 7 成熟後盛出備用。

5　原鍋下榨菜絲、蒜末炒香，續下豆乾炒香。

6　沿鍋邊下醬油嗆香後快速翻炒，續放入步驟 4 牛肉絲、紅辣椒絲翻炒至牛肉全熟有香氣即可。

Chapter 2 ── 豬牛羊料理

廚房小祕訣

❶ 醬汁先拌勻方便操作。
❷ 羊肉片可改牛肉片，空心菜可以改油菜、芥藍、青江菜…等。

沙茶炒羊肉

材料

1	羊肉片 **200g**	4	蒜末 **2 大匙**
2	空心菜 **200g**	5	青蔥 **2 根**
3	大紅辣椒 **2 根**	6	料理油&鹽 **適量**

羊肉醃料材料

1	米酒 **1 小匙**	3	太白粉 **1 小匙**
2	醬油 **1 小匙**	4	白芝麻香油 **1 小匙**

沙茶醬汁材料

1	沙茶醬 **1～2 大匙**	5	水 **50ml**
2	醬油膏 **1 大匙**	6	太白粉 **1 小匙**
3	二砂糖 **1 小匙**		
4	米酒 **2 大匙**		

步驟

1. 將沙茶醬、醬油膏、二砂糖、米酒、水、太白粉拌勻備用。
2. 羊肉用醃料醃 5 分鐘。
3. 青蔥切段（分為蔥白與蔥綠）、紅辣椒切斜片備用。
4. 炒鍋中下多些油，下蒜末、蔥白段炒香。
5. 下步驟 2 羊肉大火炒至 6 分熟（約 30 秒），下步驟 1 醬汁翻炒至微收汁。
6. 續下空心菜、大紅辣椒、蔥綠段大火翻炒，用少許鹽調味（可不放）即可。

廚房小祕訣

❶ 牛肉片選擇約 **0.2** 公分厚度，不要太薄口感比較好。

香菜拌牛肉

材料

1　牛小排肉片　**200g**
（不喜歡油花可改牛里肌肉片）
2　香菜（芫荽）　**50g**
3　大紅辣椒　**2** 根
4　蒜末　**1** 小匙
5　醬油　**1** 大匙
6　蠔油　**1** 小匙
7　糖　**1** 小匙
8　熟白芝麻粒　適量
9　白芝麻香油　適量

牛肉醃料

1　醬油　**1** 大匙
2　米酒　**1** 大匙
3　白胡椒粉　**2** 大匙
4　太白粉　**1 ～ 2** 大匙
5　白芝麻香油　**1** 小匙

步驟

1　牛肉用醃料依序拌入，醃 20 分鐘備用。
2　香菜切 3 公分段、紅辣椒切片或小圈備用。
3　將步驟 1 牛肉用沸水川燙 40 ～ 60 秒，撈起瀝乾水分後放入調理皿。
4　依序將大紅辣椒片、蒜末、醬油、蠔油、糖與燙熟牛肉片拌勻。
5　最後下香菜段、熟白芝麻粒、白芝麻香油，稍微拌勻即可。

廚房小祕訣

1. 檸檬汁有軟化肉質功用，因此不宜醃漬過久，以免肉質軟爛。
2. 改成雞胸肉絲也可以。

溫拌酸辣里肌片

材料

1　豬小里肌肉　**300g**
2　結球萵苣　**50g**
3　小黃瓜　**1 根**
4　小番茄　**10 顆**
5　香菜　**3 株**
6　料理油　**適量**

里肌肉醃料

1　檸檬汁　**1 小匙**
2　檸檬皮　**適量**
3　醬油　**1 大匙**
4　米酒　**1 大匙**
5　太白粉（生粉）　**1 大匙**

溫拌醬汁材料

1　蒜末　**1 大匙**
2　辣椒末　**3 大匙**
3　檸檬汁　**2 大匙**
4　砂糖　**2 大匙**
5　魚露　**2 大匙**

步驟

1　結球萵苣（美生菜）切絲、小黃瓜切絲、小番茄對切、香菜切小段備用。
　　（生食蔬菜最後需用飲用水清洗。）
2　小里肌肉切 0.3 公分片狀，用醃料醃 5 ～ 10 分鐘備用。
3　溫拌醬汁材料拌勻為醬汁備用。
4　熱鍋中放少許油，將步驟 2 小里肌炒熟，與步驟 1 蔬菜、步驟 3 醬汁拌勻
　　即可。

Chapter 2 —— 豬牛羊料理

廚房小祕訣

❶ 　改用帶骨的里肌排，稍微用肉槌拍過，就是紅糟炸排骨喔。

DELICIOUS RECIPES | 11 |

酥炸紅糟肉

材料

1　去皮五花肉　600g
　（1.5～2公分寬，2條）

2　雞蛋　1顆

3　粗粒地瓜粉　適量

註 五花肉可以用梅花肉代替。
註 可以搭配 P.199 淺漬糖醋小黃瓜一起食用。

醃料

1　紅糟醬　2～3大匙

2　蒜泥　1大匙

3　糖　1大匙

4　黃酒　2大匙

5　五香粉　1小匙

6　白胡椒粉　1小匙

7　沙薑粉　1小匙

8　醬油　1大匙

步驟

1　去皮五花肉，用醃料抓勻，放入冰箱冷藏醃1～2天。

2　將步驟1五花肉的醃料稍微擠掉。

3　均勻沾上蛋液，拍上粗粒地瓜粉（稍微用力按壓），靜置返潮（約10～15分鐘）。

4　先用低溫油小火（120～130度）炸熟撈起瀝乾（約5分鐘），再用高溫油（170度）回鍋搶酥（約0.5～1分鐘）。

5　切片後可以搭配一些微酸的小菜一起食用。

Chapter 2 —— 豬牛羊料理

廚房小祕訣

❶ 五香粉可改十三香或是百草粉，胡椒粉可用黑白胡椒混合。

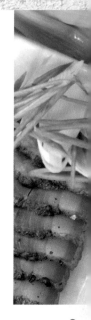

椒香鹹豬肉

材料

1 去皮五花肉　**2** 條
　　（約 **2** 公分厚度）
2 蒜末　**30g**
3 米酒　**50ml**
4 五香粉　**5g**
5 花椒粉　**5g**
6 黑胡椒粉　**10g**
7 鹽巴　**10g**

步驟

1 將五香粉、花椒粉、黑胡椒粉、鹽巴，用乾鍋、小火，慢慢炒香。
2 將蒜末、米酒、步驟 1 香料鹽，拌勻至鹽巴完全溶化。
3 將步驟 2 香料水均勻抹在五花肉上（稍微用力按摩，讓水分完全被豬肉吸
　　收）。
4 將放入保鮮盒（或真空袋）冷藏至少 1 天。（如要長時間保存，醃漬 2 天
　　後放入冷凍即可。）
5 用油煎或是放入烤箱（220 度）烤熟即可。

Chapter 2 ── 豬牛羊料理

廚房小祕訣

① 排骨煎過口感較不鬆散，煨煮的時間以喜歡的排骨軟硬度增減。

② 可以額外添加少許番茄糊或番茄醬增加風味。

③ 小排骨、子排、帶骨的太排，皆可以使用。

蔥燒小排骨

材料

1　小肋排　600g
2　青蔥　300g
3　薑片　5 片
4　醬油　100ml
5　花雕酒　50ml
6　冰糖　2 大匙
7　清水　800ml
8　油　適量

醃料

1　花雕酒　2 大匙
2　醬油　3 大匙

步驟

1　小肋排洗淨用醃料醃 30 分鐘，青蔥分成蔥白跟蔥綠。
2　鍋中放入多些油燒熱，將排骨四面煎至金黃，薑片、蔥白也一起煎香，下花雕酒嗆鍋後夾起備用。
3　原鍋用煎香的蔥白、薑片墊底，放上煎香的排骨。
4　下醬油、冰糖，加入清水，蓋上蔥綠，燒開後蓋上鍋蓋，轉中小火煨煮40 ～ 50 分鐘至收汁。
　　（中間偶爾要開鍋翻拌避免沾鍋，水的份量約與排骨同高。）

Chapter 2 —— 豬牛羊料理

廚房小祕訣

❶ 馬鈴薯泡水可以去除多餘的澱粉質，如果不介意馬鈴薯煮之後會有點糊，此步驟可以省略。

| DELICIOUS RECIPES | 14 |

肉末燒馬鈴薯

材料

1　馬鈴薯　3 顆
2　豬絞肉　100g
3　青蔥末　適量
4　紅辣椒末　適量
5　蒜末　1 大匙
6　蠔油　1 大匙
7　醬油　1 大匙
8　糖　1 大匙
9　太白粉水　適量
10　清水　100ml（可增減）
11　白芝麻香油　少許
12　料理油 & 鹽　適量

> 註 太白粉 1：清水 3 ＝太白粉水

步驟

1　馬鈴薯去皮後切滾刀塊，用清水泡 10 分鐘後瀝乾。
2　炒鍋中放入少許油，下馬鈴薯煎至微微金黃焦香後盛起備用。
3　原鍋放入豬絞肉，炒至金黃鬆散，放入蒜頭末炒香。
4　續放入糖、蠔油、醬油翻炒至有香氣，下步驟 2 馬鈴薯拌勻，下清水煮至微微收汁。
5　下青蔥末、紅辣椒翻炒均勻，用鹽調味（也可不放），太白粉水勾薄芡，亮少許香油即可。

廚房小祕訣

❶　豬肉先用蛋清抓過更滑嫩，同配方可以做牛肉、雞肉、魚肉。

❷　使用郫縣豆瓣較為正宗，如果沒有可以使用一般辣豆瓣醬代替，但是風味會有些
　　不同。

DELICIOUS RECIPES | 15 |

川香水煮肉片

材料

1	豬小里肌　300g	6	花椒　1 大匙
2	青蔥末　適量	7	乾紅辣椒　10 根
3	蒜頭末　1 大匙	8	高湯（或清水）　500ml
4	薑末　1 大匙	9	花生油　適量
5	郫縣豆瓣醬　3 大匙		
	（用刀稍微剁細一些）		

豬肉醃料

1	黃酒　1 大匙	4	白胡椒粉　適量
2	蛋白　1 顆量	5	太白粉　1 小匙
3	醬油　1 小匙	6	香油　少許

舖底配菜

1	大白菜　200g	3	調理油　適量
2	蔥段　適量		（高麗菜、黃瓜、豆芽、萵苣…等，皆可當舖底配菜。）

步驟

1　把豬小里肌切約 0.2 公分薄片，用醃料醃 10 分鐘入味。

2　舖底配菜炒至斷生，放入深盤中備用。

3　炒鍋內下花生油、花椒粒、乾紅辣椒，小火焙香，撈起後放涼剁碎備用。
　　（此做法為第 1 章教的刀口辣椒，可直接用刀口辣椒末代替。）

4　原鍋續放入郫縣豆瓣、薑末，小火炒出紅油及香氣，放入高湯後大火燒開。

5　原鍋下步驟 1 豬肉燙熟，連湯帶肉倒入步驟 2 裝有白菜的深盤裡，灑上刀口辣椒末、蔥花、蒜末。

6　額外將 2 湯匙花生油燒至冒煙，澆在步驟 5 的香料上即可。

廚房小祕訣

❶ 　不喜歡吃太酸者，魚香醬汁裡的白醋可以改成烏醋。

❷ 　配菜可以改竹筍絲、杏鮑菇絲、芹菜段…皆可。

魚香肉絲

材料

1	豬肉絲　300g		6	辣豆瓣醬　1 大匙
2	黑木耳絲　1 大朵量		7	蒜末　1 大匙
3	胡蘿蔔絲　50g		8	蔥末　1 大匙
4	青椒絲　100g		9	薑末　1 大匙
5	發酵剁辣椒　2 大匙		10	料理油　適量

肉絲醃料材料

1	米酒　1 大匙		3	白胡椒粉　1 小匙
2	醬油　1 大匙		4	太白粉　1 小匙

魚香醬汁材料

1	糖　2 大匙		4	白醋　2 大匙
2	黃酒　2 大匙		5	太白粉　1 小匙
3	醬油　1 小匙		6	清水　1 大匙

步驟

1. 豬肉絲用醃料醃 10 分鐘備用；魚香醬汁拌勻備用。
2. 炒鍋中下多些油，將豬肉絲炒至 7 分熟後撈起備用。
3. 原鍋依序下蔥、薑、蒜末、發酵剁辣椒、辣豆瓣醬炒出香氣。
4. 續下紅蘿蔔絲、黑木耳絲稍稍翻炒，放入步驟 2 豬肉絲、魚香醬汁炒至有香味及微微收汁。
5. 下青椒絲稍稍翻炒至熟即可。

Chapter 2 —— 豬牛羊料理

廚房小祕訣

❶ 豬五花炒出油脂香氣後才下蒜片，避免蒜片燒焦。

❷ 泡過水或清洗過的蘿蔔乾，用乾鍋稍微炒乾水分後才會有香氣。

農家小炒肉

材料

1　五花肉　**300g**
2　蘿蔔乾條　**50g**
3　青尖椒　**5 個**
4　大紅辣椒　**5 個**
5　蒜頭　**3 瓣**
6　黃酒　**1 大匙**
7　醬油　**2 大匙**
8　料理油　**適量**

Chapter 2 ── 豬牛羊料理

步驟

1　五花肉切約 0.2 公分片狀，青尖椒、紅辣椒切片，蒜頭切片。（青尖椒可用青龍辣椒、翡翠椒…等代替。）
2　蘿蔔乾如果太鹹，稍稍泡水後瀝乾。
3　鍋中不放油，放入蘿蔔乾炒至水分稍乾且有香氣。
4　續放入調理油、豬五花肉片，翻炒至肉片金黃，肥肉呈現半透明狀。
5　下蒜片、青尖椒、紅辣椒炒至椒香味出來。
6　沿鍋邊放入黃酒、醬油調味，快速翻炒均勻即可。

廚房小祕訣

❶ 櫻花蝦 XO 醬可以改成剝皮辣椒末、醬瓜丁…等。

❷ 荸薺可以改用洋地瓜丁、蓮藕丁、碗豆仁…等。

XO 醬蒸肉餅

材料

1　豬粗絞肉　200g
2　荸薺　3 顆
3　櫻花蝦 XO 醬　2 大匙
4　醬油　2 小匙
5　白胡椒粉　適量
6　鹽　1／2 小匙
7　糖　1／2 小匙
8　太白粉　1 大匙

Chapter 2 ── 豬牛羊料理

步驟

1　荸薺去皮，拍碎後用刀稍稍剁成細丁。
2　將絞肉放到調理盆中，下醬油、鹽、糖、白胡椒粉，沿同一方向拌勻，至稍稍呈現黏性。
3　續下櫻花蝦 XO 醬、荸薺末、太白粉充分拌勻。
4　將調味好的絞肉放入盤中壓平，大火蒸 8 〜 10 分鐘即可。

廚房小祕訣

❶ 五花肉可以改成雞胸肉、雞腿肉，或是用煮汁直接川燙薄肉片皆可。

❷ 五花肉亦可鹽、酒醃過，改用電鍋蒸（外鍋 1 杯水，跳起後燜 10 分鐘）。

紅油蒜汁白肉

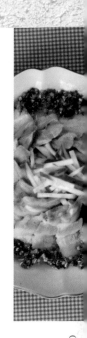

材料

1	五花肉　**1** 條	5	調味醬油汁　適量
	（約 **2** 公分厚度，**300g** 左右）	6	鹽　**1** 小匙
2	黃瓜　**1** 根	7	米酒　**1** 大匙
3	蒜泥　**2** 大匙	8	冰塊＋飲用水　適量
4	潑油辣子　適量		

豬肉煮汁材料

1	桂皮　**1** 小片	4	八角　**1** 顆
2	陳皮　**1** 片	5	青蔥　**1** 根
3	花椒　**1** 小匙	6	清水　**1000ml**

步驟

1. 豬五花肉用鹽、米酒抓醃 30 分鐘備用。
2. 黃瓜洗淨後用刀拍裂，切約 4 公分段，舖在盤底備用。
3. 湯鍋中放入豬肉煮汁材料、煮沸後轉小火煮 10 分鐘。
4. 湯鍋中續放入步驟 1 醃過的豬五花肉，煮沸後蓋上鍋蓋，轉小火煮 10 ～ 15 分鐘，關火燜 15 ～ 20 分鐘。
   （時間以個人喜歡的軟硬度自行調整。）
5. 五花肉夾起後，放入冰塊水冰鎮後瀝乾，切約 0.2 公分片狀放在步驟 2 的黃瓜上。
6. 淋上蒜泥、潑油辣子、調味醬油汁即可食用。

Chapter 2 —— 豬牛羊料理

廚房小祕訣

❶　加入白醋燉煮可以讓豬腳味道清爽易燉軟。

黃豆燒豬腳

材料

1　豬腳　**600g**
2　乾黃豆　**200g**
3　薑片　**10** 片
4　青蔥　**2** 根
5　醬油　**100ml**

6　黃酒　**2** 大匙
7　白醋　**2** 大匙
8　冰糖　**1** 大匙
9　清水　**1200ml**（可增減）
10　油&鹽　適量

註 如希望燉煮後的豬腳顏色較深，可以添加少許老抽調色。

滷包香料

1　乾辣椒　**5** 根
2　八角　**1** 顆
3　桂皮　**1** 小片

4　花椒　**1** 小匙
5　小茴香　**1** 小匙

豬腳川燙材料

1　薑片　**5** 片
2　白醋　**1** 大匙

3　酒　**1** 大匙
4　清水　適量

步驟

1　乾黃豆用冷水浸泡 4 小時以上或是隔夜；香料放入濾茶袋或滷包袋備用。
　　（如果天氣熱，黃豆請放冰箱冷藏浸泡。）

2　湯鍋中放入川燙材料與豬腳塊，加入淹過豬腳約 3 公分的清水，煮至快沸
　　騰時關火，浸泡 5 分鐘，取出後用冷水沖洗乾淨。（如果豬腳切的比較大
　　塊，浸泡時間可以拉長。）

3　鑄鐵鍋中放入一大匙油，下冰糖，炒至糖融與微微呈現淺棕色，放入川燙
　　好的豬腳翻炒均勻。

4　依續放入醬油、黃酒、白醋、薑片、青蔥、香料包、泡發後的黃豆、清水，
　　大火煮沸後快速撈除浮沫，轉中小火，燉 1 ～ 1.5 小時至豬腳熟軟。

5　起鍋前用鹽（可不放）稍稍調味即可。

CHAPTER 3

雞鴨家禽料理

每次下廚都像是打仗，作菜總是一團亂？
丫樺媽媽簡單的家常菜食譜，可以讓你不再兵荒馬亂。
掌握食材的料理方法、替代方式和各式風味的變化，
讓你每天都能幸福的優雅上菜！

廚房小祕訣

❶ 大番茄選擇酸味重些的風味更好。

❷ 雞肉可以改成排骨也很好吃哦。

❸ 如選用土雞或是仿土雞；煨煮時間需要適當調整拉長，清水的量也要稍微增加。

DELICIOUS RECIPES | 01 |

番茄燴雞

材料

1	肉雞　半隻	5	紅蔥頭　2 顆
2	大番茄　3 個	6	番茄醬　2 大匙
3	馬鈴薯　1 ～ 2 個	7	清水　500ml
4	洋蔥　1／2 顆	8	油&鹽　適量

雞肉醃料

1　醬油　2 大匙
2　米酒　1 大匙
3　白胡椒粉　適量

步驟

1　將雞肉剁塊後洗淨，放入雞肉醃料拌勻，靜置 20 分鐘備用。

2　番茄去蒂，放入沸水川燙 20 秒，夾出放入冷水中去皮，用刀一切四備用。

3　馬鈴薯去皮後切大塊、洋蔥切大片、紅蔥頭切片備用。

4　炒鍋中放入少許油燒熱，下雞肉塊煎至表皮金黃上色，續下紅蔥頭、洋蔥片炒香。

5　續放入番茄塊、番茄醬炒香後，加入馬鈴薯塊、清水，大火煮開。

6　迅速撈除浮沫，轉中小火煨煮 30 分鐘，收汁至微微濃稠，用鹽調味後即可。

廚房小祕訣

❶ 雞丁也可以改成小蝦仁或豬肉末呦。

❷ 甜椒可改用嫩碗豆仁、黃瓜丁、芹菜丁⋯皆可。

| DELICIOUS RECIPES | 02 |

玉米松子炒雞丁

材料

1	雞胸肉　1 塊		4	紅甜椒　1 ／ 2 個
2	罐頭玉米粒　1 罐		5	蒜頭末　1 大匙
3	松子　30g		6	鹽 & 油　適量

雞丁醃料

1　醬油　1 大匙
2　米酒　1 大匙
3　糖　1 大匙
4　太白粉　1 小匙
5　香油　1 小匙

步驟

1　雞胸肉切 1 公分左右丁狀，用醃料抓醃拌勻備用。
2　罐頭玉米瀝乾水分、紅甜椒切丁備用。
3　生松子洗淨，用熱油炒至金黃後撈起備用。（如用熟松子，此步驟可以省略。）
4　炒鍋中下少許油燒熱，下雞丁煎炒至金黃，續下蒜末炒香。
5　原鍋續下玉米粒、甜椒丁快速翻炒約 2 分鐘。
6　起鍋拌入松子，用鹽稍稍調味即可。

廚房小祕訣

❶ 喜歡吃辣可以額外加上潑油辣子及刀口辣椒末。

❷ 如果是乾綠豆粉皮，用清水浸泡約 10 分鐘，再放入滾水中煮約 10 分鐘撈起，過
　冷開水冷卻。（或是按照乾粉皮外包裝標示處理。）

雞絲拌粉皮

材料

1	新鮮綠豆粉皮　2 張	5	薑片　5 片
2	去骨仿土雞腿　1 隻	6	青蔥　1 支
3	小黃瓜　1 根	7	鹽　1 ／ 2 小匙
4	熟芝麻粒　1 小匙	8	米酒　1 小匙

芝麻醬汁材料

1	芝麻醬　3 大匙	5	糖　1 小匙
2	花生醬　1 小匙	6	清水（或高湯）　1 ～ 2 大匙
3	烏醋　1 大匙	7	香油（或麻油）　1 小匙
4	醬油　1 大匙		

註 喜歡蒜味者可以額外添加蒜泥。

步驟

1　新鮮綠豆粉皮切條，熱水川燙 1 分鐘，用涼開水冷卻，撈起瀝乾水分備用。

2　小黃瓜切絲，芝麻醬汁材料拌勻備用。

3　雞腿用青蔥、薑片、米酒、鹽抓醃，放入蒸籠，中大火蒸 15 ～ 20 分鐘，
　　夾出放涼後剝絲備用。（如用電鍋，外鍋 1 杯水蒸熟。）

4　取盤子依序放入綠豆粉皮、小黃瓜絲、雞腿肉絲，淋上芝麻醬汁，灑上熟
　　芝麻粒即可。

Chapter 3 ── 雞鴨家禽料理

廚房小祕訣

❶ 如用冬菇（花菇）需放入冰箱，浸泡一晚才能完全泡開。

❷ 墊底的蔬菜也可換成其他耐蒸的蔬菜，例如：高麗菜。

❸ 煮飯時，放在飯上一起蒸，就是好吃又簡單的香菇滑雞飯了。

| DELICIOUS RECIPES | 04 |

蟲草花冬菇蒸雞

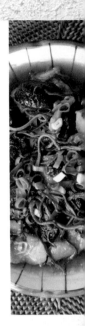

材料

1	去骨仿土雞腿　1 隻	3	乾蟲草花　50g
2	乾冬菇　8 朵	4	大白菜　200g
	（或用一般乾香菇）	5	青蔥粒　適量

雞肉醃醬材料

1	紅蔥頭末　1 大匙	6	冬菇水　2 大匙
2	香菇素蠔油　1 大匙	7	麻油　1 大匙
3	醬油　2 大匙	8	太白粉　1 大匙
4	糖　1 小匙		
5	白胡椒粉　1 小匙		

註 可以添加少許老抽讓雞肉顏色更漂亮。

步驟

1　雞肉切 3 ～ 4 公分塊狀，蟲草花洗淨瀝乾，冬菇泡開後切斜片備用（冬菇水保留）。

2　雞肉、冬菇（或香菇）、蟲草花用醃料醃製 20 分鐘備用。
　　（需稍微用力抓醃，讓醬汁完全被雞肉吸收。）

3　取稍深的蒸盤將切塊的大白菜墊底，上方平均鋪上步驟 2 材料。
　　（如用電鍋，外鍋 1 杯水蒸熟。）

4　大火蒸 20 ～ 25 分鐘關火，灑上蔥粒燜 1 分鐘即可。

廚房小祕訣

❶ 如果將泡開的金針打結，可以讓口感更好也更美觀。
（但我是懶惰鬼…就省略吧！）

金針木耳山藥蒸雞

材料

1　小土雞　半隻
2　乾金針　1 小把
3　新鮮黑木耳　3 大片
4　新鮮山藥　1 小截
5　去核紅棗　10 個
6　枸杞子　適量

醃製材料

1　薑泥　1 大匙
2　黃酒　1 小匙
3　醬油　1 大匙
4　蠔油　1 ／ 2 大匙
5　糖　1 小匙
6　太白粉　1 大匙
7　白芝麻香油　少許

步驟

1　小土雞剁約 3 公分塊狀，去核紅棗洗淨切片，枸杞子泡軟，乾金針洗淨泡軟後打結，黑木耳切片，山藥切厚片。
2　雞肉、紅棗片、金針、黑木耳用醃料抓醃，靜置 20 分鐘入味。
3　取稍深的蒸盤，將切片山藥墊在底部，平均鋪上步驟 2 材料。
4　大火蒸 20 ～ 25 分鐘關火，灑上枸杞子燜 1 分鐘即可。

Chapter 3 ── 雞鴨家禽料理

廚房小祕訣

❶ 剁辣椒需先用熱油炒過，香氣才會出來。

❷ 粄條可改用米苔目、冬粉、豆腐片…皆可。

❸ 可以額外添加少許金銀蒜蒸醬增味。

香辣剁椒蒸雞

材料

1	去骨雞腿排　2 塊	6	醬油　2 大匙
2	粄條　適量	7	糖　1 小匙
3	香菜（芫荽）　適量	8	白胡椒粉　1 小匙
4	發酵剁辣椒　2 大匙	9	太白粉　1 大匙
5	薑末　1 小匙	10	花生油　適量

嗆香熱油：花生油 1 大匙＋香油 1 大匙

步驟

1　炒鍋中放入 1 大匙花生油燒熱、下發酵剁辣椒、薑末炒香，盛出後放涼備用。

2　雞肉洗淨後擦乾，切約 3 公分塊狀備用。

3　切塊的雞肉、步驟 1 炒好的剁椒醬、醬油、糖、白胡椒粉、太白粉，拌勻醃製 10 分鐘備用。（需稍微用力抓醃，讓醬汁完全被雞肉吸收。）

4　取稍深的蒸盤將粄條墊底，上方平均鋪上步驟 3 材料。

5　中大火蒸 20 ～ 25 分鐘關火，灑上香菜（芫荽）。

6　將嗆香用熱油燒至冒煙，快速淋在步驟 5 的香菜上即可。

廚房小祕訣

❶ 可以額外添加炒香的松子,或是其他的堅果增加口感及香氣。

❷ 雞胸可以改切丁蝦仁、鴨胸肉…皆可。

XO 醬炒雞鬆

材料

1	雞胸肉　1 塊	6	美生菜　約半顆
2	鮮香菇　3 朵		（或是蘿蔓葉）
3	紅甜椒　半顆	7	鹽　適量
4	西洋芹　適量	8	調理油　適量
5	櫻花蝦 XO 醬　2 大匙	9	太白粉　1 大匙

雞胸肉醃製調味材料

1　蛋白　1 個
2　白胡椒　少許
3　鹽　1 ／ 4 小匙
4　太白粉　1 小匙
5　香油　少許

步驟

1　將雞胸肉切小丁，用雞胸肉醃製調味料拌勻後靜置 10 分鐘備用。

2　紅甜椒、鮮香菇、西洋芹切成小丁備用。

3　炒鍋中放入少許油，放入步驟 1 雞胸肉丁翻炒至金黃，放入 XO 醬拌炒至有香氣。

4　依序放入鮮香菇、紅甜椒、西洋芹炒軟，用鹽調味（也可不放），即可放在生菜上面享用。

廚房小祕訣

❶　可以額外添加寧波年糕或是韓式年糕條，增加飽足感。

花雕雞煲

材料

1　仿土雞腿　1 隻
2　薑片　5 片
3　去膜蒜頭　6 顆
4　大紅辣椒　1 根
5　青蒜苗　1 根
6　杏鮑菇　2 個
7　花雕酒　300ml
8　黑芝麻油　1 大匙
9　調理油　適量

調味料

1　蠔油　2 大匙
2　冰糖　1 小匙
3　烏醋　1 小匙

步驟

1　仿土雞切塊，杏鮑菇切滾刀塊，大紅辣椒切斜片，青蒜苗切斜段備用。
2　炒鍋放入少許油燒熱，下仿土雞腿塊煎至金黃撈起備用。
3　砂鍋中放入一大匙黑芝麻油，放入薑片、蒜頭煸至微乾有香氣。
4　原鍋續放入步驟 2 雞腿塊、杏鮑菇、調味料翻炒均勻。
5　倒入花雕酒，蓋上鍋蓋，中小火煮 5 ～ 10 分鐘。
6　起鍋前放入青蒜苗、辣椒段拌勻即可。

Chapter 3 ── 雞鴨家禽料理

廚房小祕訣

❶ 雞肉可以改成豬肉絲或是海鮮（例如：蝦仁、蟹腿肉…等）。

醬爆菌菇雞絲

材料

1	雞胸肉　1 塊（約 200g）		4	青蔥　1 支	
2	鴻禧菇　1 包（約 120g）		5	蒜頭　2 瓣	
3	黑木耳　1 大片		6	料理油　適量	

調味料

1　蠔油　1 大匙
2　辣豆瓣醬　1 大匙
3　糖　1 小匙
4　米酒　1 大匙
5　太白粉　1 大匙

Chapter 3 —— 雞鴨家禽料理

步驟

1　雞胸肉切絲，鴻喜菇去蒂頭後剝開，黑木耳切絲，青蔥切段，蒜頭切片。
2　將雞胸肉絲用調味料依序拌勻後，靜置入味 10 ～ 20 分鐘。
3　炒鍋中放入鴻喜菇乾炒至水分略乾有香氣後盛起備用。
4　原鍋下少許油，放入蒜片略炒，續下步驟 2 調味後的雞絲炒至 7 分熟。
5　續下黑木耳絲、步驟 3 鴻喜菇、蔥段翻炒至雞絲全熟即可。

廚房小祕訣

❶ 配菜也可以用黃瓜絲或是燙熟的青菜類替代。

❷ 如不愛生食芹菜,可以稍稍用熱水川燙 **30** 秒使用。

紅油拌雞絲

材料

1	雞胸肉　1 塊	4	碎熟花生粒　1 小匙
2	芫荽（香菜）　適量	5	刀口辣椒末　1 大匙
3	芹菜　2 根		

雞腿浸泡香料材料

1	桂皮　1 小片	5	草果　1 顆
2	陳皮　1 片	6	香葉　3 片
3	花椒　1 小匙	7	草鹽　1 大匙
4	八角　1 顆	8	清水　**1000ml**

紅油醬汁材料

1	潑油辣子　2 大匙	3	米酒　1 小匙
2	萬用調味醬油汁　2 大匙	4	香油（或麻油）　1 大匙

> 註 喜歡蒜味可以額外添加蒜泥；喜歡酸味可增加烏醋或老陳醋。

步驟

1. 芫荽切 1 公分段，芹菜切 3 公分段，紅油醬汁材料拌勻備用。
2. 湯鍋中放入雞胸肉浸泡香料材料煮沸，轉小火煮 10 分鐘。
   （因為水量不多，鍋具口不宜太寬，用水量可以高過食材高度至少 3 公分的鍋子較為適合。）
3. 湯鍋中續放入雞胸肉，煮沸後蓋上鍋蓋，轉小火煮 10 分鐘，關火燜 20 分鐘。（時間可以視雞胸肉大小微調。）
4. 雞胸肉浸熟，夾出放涼後剝絲，與步驟 1 芫荽、芹菜拌勻後放入餐盤中。
5. 淋上紅油醬汁、刀口辣椒末、灑上熟碎花生粒即可。

廚房小祕訣

❶ 清水可以換成啤酒，會有不同風味呦。

❷ 同等份量，鴨腿可改鴨胸。

| DELICIOUS RECIPES | 11 |

冰糖醬鴨腿

材料

1	鴨腿　2 隻		5	醬油　50ml
2	薑　1 小塊		6	黃酒　50ml
3	青蔥　2 根		7	清水　適量
4	冰糖　30 ～ 50g		8	調理油　適量

香料包材料

1	八角　1 顆	4	山楂乾　6 片
2	草果　1 個		（可用 3 顆白話梅代替）
3	山奈　5 片	5	香葉　3 片

步驟

1　薑拍裂，青蔥打成蔥結或切大段，香料放入棉布滷包袋或是濾茶袋備用。

2　炒鍋放入少許油燒熱，下鴨腿兩面煎至金黃夾出備用。
　　（如果鴨油太多，可以倒出部分捨棄。鴨腿也可以川燙不油煎。）

3　原鍋續放入冰糖炒融至微微金黃色，續下醬油、黃酒、薑塊、蔥結、步驟
　　2 煎過的鴨腿。

4　翻炒均勻後加入醃過鴨腿約 3 公分的清水，煮沸後加蓋，轉中小火煮
　　20 ～ 30 分鐘。（中間要翻面一次，注意避免鍋底燒焦黏鍋。）

5　時間到開蓋慢慢收汁，當湯汁開始變濃稠，用湯匙或鍋鏟不停將醬汁淋在
　　鴨腿上。（過程中可以翻面。此時可以將滷包、薑塊、蔥結夾除丟棄。）

6　當醬汁剩下淺淺一層後關火，夾出放涼後切塊即可。
　　（剩餘醬汁可以當淋醬使用。）

Chapter 3 ——— 雞鴨家禽料理

廚房小祕訣

❶ 二砂糖可以用蜂蜜取代，風味會更不同。

❷ 醬汁可以做照燒雞肉餅、照燒鯖魚…等料理。

照燒雞腿

材料

1　去骨雞腿排　**2** 片
2　白胡椒粉　少許
3　鹽　**1** 小搓
4　熟白芝麻粒　適量
5　調理油　適量

照燒醬汁材料

1　醬油　**2** 大匙
2　本味霖　**2** 大匙
3　清酒　**2** 大匙
4　二砂糖　**1** 大匙

步驟

1　炒鍋放入少許油燒熱，雞皮朝下放入去骨雞腿排，煎至兩面金黃夾出備用。（如果雞油太多，可以倒出不要。）
2　原鍋續放入照燒醬汁煮沸，放入步驟 1 雞腿排。
3　用湯匙或鍋鏟不停將醬汁淋在雞腿排上，直到照燒醬汁開始變濃稠即可關火。（過程中可以翻面。）
4　裝盤後，灑上白芝麻粒即可。

Chapter 3 ── 雞鴨家禽料理

廚房小祕訣

❶ 如果不希望雞肉太油，步驟 3 可以改成川燙方式。

❷ 配料牛角椒可以自行替換成喜歡的蔬菜類。

| DELICIOUS RECIPES | 13 |

豉椒炒雞片

材料

1　雞胸肉　2 塊
2　發酵剁辣椒　1 大匙
3　牛角椒　2 根
4　豆豉　1 大匙
5　青蔥　1 根
6　薑末　1 大匙
7　料理油　適量

調味料

1　蛋白　1 個
2　鹽　1／4 小匙
3　糖　1／2 小匙
4　米酒　1 大匙
5　太白粉　1 大匙

步驟

1　雞胸肉切 0.3 公分片狀，青蔥切段，牛角椒切與雞胸肉片同等大小。
2　將雞胸肉用調味料依序拌勻，靜置入味 10 分鐘。
3　炒鍋中放入油燒熱，下雞胸肉炒至 7 分熟盛起備用。
4　原鍋放入發酵剁辣椒、薑末炒至有香氣，續下蔥段、豆豉炒香。
5　放入步驟 3 雞胸肉、牛角椒片，大火炒至雞肉全熟即可。

廚房小祕訣

❶　肉末要炒至微乾才會香。

三杯雞肉末

材料

1　雞粗絞肉　**300g**
2　三杯醬　**2** 大匙
3　薑末　**1** 大匙
4　蒜末　**1** 大匙
5　大紅辣椒片　適量
6　九層塔　適量
7　米酒　**30ml**
8　料理油　適量

步驟

1　炒鍋中放入少許油燒熱，下雞粗絞肉炒到雞肉呈現金黃，表面微酥、微乾。
2　續下薑末、蔥末、大紅辣椒片炒香。
3　開大火，下三杯醬汁炒至收汁。
4　起鍋前米酒嗆香、拌入九層塔葉即可。

Chapter 3 ── 雞鴨家禽料理

廚房小祕訣

❶ 鹽滷水可以事先煮好冷藏備用。

❷ 相同滷水時間微調後可做鴨翅、鴨脖子、鴨舌…等。

鹽水雞翅

材料

1	雞二節翅　600g		3	白胡椒粉　1 小匙
	（或是用雞中翅）		4	香油　1 大匙
2	鹽　1 小匙			

鹽滷水材料

1	桂皮　1 個		7	米酒　100ml
2	花椒　10g		8	薑　1 小塊
3	八角　1 個		9	青蔥　2 根
4	陳皮　1 小片		10	清水　1500ml
5	香葉　3 片			
6	鹽　2 大匙			

註 薑塊需拍裂使用。
註 喜歡辣椒香可放入少許乾辣椒。

步驟

1　雞翅冷水下鍋，煮沸後撈起洗淨備用。

2　將鹽滷水材料 1 ～ 5，放入棉布袋或是濾茶袋中備用。

3　湯鍋中放入步驟 2 香料包、2 大匙鹽、拍裂的薑塊、青蔥、米酒、清水，
　　大火煮沸後轉中小火煮 10 分鐘。

4　放入步驟 1 雞翅，煮滾後轉中小火，煮 5 分鐘關火，浸泡至少 30 ～ 60 分鐘。

5　夾出冷卻後，放入鹽、白胡椒粉、香油拌勻即可。

CHAPTER
4

水產海鮮料理

第一章常備的醬汁,也能用在各式海鮮料理裡,

許多新手都很害怕料理海鮮,

跟著丫樺媽媽的步驟就能輕鬆克服!

一起來嘗試吃不到腥味又很美味營養的海鮮家常菜吧!

廚房小祕訣

❶ 花枝先川燙可以避免拌炒過程中海鮮出水,如果出水,鍋子的溫度會下降,香氣
會炒不出來。

DELICIOUS RECIPES ｜ 01 ｜

生炒花枝

材料

1　花枝　**1** 尾
　　（軟絲、透抽皆可）
2　胡蘿蔔　適量
3　熟綠竹筍　**1** 支
　　（或買現成的真空包裝沙拉筍）
4　洋蔥　**1** ／ **4** 個

5　蒜頭末　**1** 大匙
6　大紅辣椒　**1** 根
7　青蔥　**2** 根
8　雞高湯　**300** ～ **500ml**
9　太白粉水　適量
10　調理油　適量

調味料

1　魚露　**1** 大匙
2　砂糖　**1** ／ **2** 大匙
3　白胡椒粉　少許
4　米酒　**2** 大匙
5　烏醋　**1** 大匙
6　白芝麻香油　少許

註 勾芡用太白粉：水的比例為 **1** ： **3**
（生粉、玉米粉、番薯粉、蓮藕粉皆可勾芡）

Chapter 4 ──── 水產海鮮料理

步驟

1　花枝去皮及硬骨切花刀片，竹筍切片，胡蘿蔔切片，洋蔥切條，辣
　　椒切斜片，青蔥切段備用。

2　花枝（軟絲）川燙 30 ～ 60 秒瀝乾備用。

3　將調味料中的魚露、砂糖、胡椒粉、米酒拌勻為醬汁備用。

4　炒鍋放少許油，下蒜末炒香。

5　續下洋蔥條稍稍拌炒至透明，下胡蘿蔔片、筍片、蔥段、紅辣椒片
　　快速炒至斷生。

6　續下花枝片、步驟 3 醬汁快炒，倒入雞高湯煮開，用太白粉水勾薄
　　芡。

7　起鍋前放少許白芝麻香油及烏醋即可。

透抽處理方式

1　用手將透抽的頭抓住，輕輕向外拔 (包含內臟、墨囊一起拔出)，
　　兩邊的鰭也撕下來。

2　透抽外層薄膜用手撕掉 (鰭的薄膜也撕掉)。

3　將內層的透明軟骨抽出。

4　炒用剪刀 (或刀子) 將透抽剪開 (可用水沖洗沒清乾淨的髒汙)。

5　用刀在透抽肉的內側 (肚子內部那面) 輕輕劃出刻痕 (不切斷)，切
　　完後轉個方向，重複一次切出刻痕，讓切面成格子狀。(鰭邊也是
　　一樣的步驟)。

6　把透抽一分為二，切 2 ～ 3 公分寬的條狀。

7　將透抽頭的內臟、墨囊拔除。

8　將眼睛及嘴巴拔除 (或用刀切掉)，把觸角 2 ～ 3 根一組切開。

廚房小祕訣

❶　剁椒醬需先用熱油炒過，香氣才會出來。

❷　如果蒸的是魚頭（例如：鰱魚頭 600g），蒸的時間則需 8 ～ 10 分鐘。

剁椒蒸魚

材料

1　去骨鱸魚排　**1** 片
　　（約 **250 ～ 300g**）
2　板豆腐　**1** 塊
3　青蔥絲　適量
4　發酵剁辣椒　**2** 大匙
5　薑末　**1** 小匙
6　黑豆豉　**1** 大匙
7　萬用調味醬油汁　**2** 大匙
8　花生油　適量

嗆香熱油：花生油 1 大匙＋香油 1 大匙

步驟

1　炒鍋中放入 1 大匙花生油燒熱，下發酵剁辣椒、薑末、黑豆豉炒香，
　　盛出後放涼備用。
2　鱸魚排清水洗淨擦乾，板豆腐切 0.5 ～ 1 公分片狀，擦乾水分備用。
3　取稍深的蒸盤將板豆腐墊底，上方放上鱸魚排，魚排上平均鋪上步
　　驟 1 炒好的剁椒醬。
4　大火蒸 5 分鐘，關火，灑上青蔥絲、淋上萬用調味醬油汁。
　　（盤子裡的水分如果太多，倒掉之後再淋上調味醬油汁。）
5　將嗆香熱油燒至冒煙，快速淋在步驟 4 的青蔥絲上即可。

廚房小祕訣

❶　其他鯛魚類（如：金線、馬頭、迦納魚…等）都很適合。

❷　如果用黃魚，在黃魚頭上有一塊頭皮，需要剝除，不然黃魚會有腥味。

蒜燒赤鯧魚

材料

1 赤鯧魚　1 尾
　（500 ～ 600g）
2 去膜蒜頭　10 ～ 15 顆
3 青蔥段　適量
4 薑　3 片

5 清水　300 ～ 500ml
6 香油　少許
7 料理油　適量

調味料

1 醬油　1 大匙
2 蠔油　1 ／ 2 大匙
3 番茄醬　1 大匙

4 冰糖　1 小匙
5 黃酒　2 大匙

步驟

1 將魚兩面劃刀，拍上份量外少許黃酒，靜置 10 分鐘後用廚房紙巾擦乾備用。

2 鍋中放入約 2 大匙油燒熱，放入赤鯧魚、蒜頭、薑片，將魚兩面煎至金黃，夾出魚備用。

3 原鍋轉小火，下蔥段炒香，再依續下調味料炒至糖融。

4 把煎香的赤鯧魚放入，加入清水煮滾，轉中小火煮至稍稍收汁，起鍋前下香油即可。（中間可以將魚翻面，可用湯匙或鍋鏟將醬汁澆在魚上幫助入味，也可以加蓋燜煮。）

廚房小祕訣

1. 水果加熱過後風味更濃郁。
2. 醬汁要充分攪拌均勻到乳化（從清澈狀變成混濁狀），風味較佳。
3. 可以額外加入小黃瓜片、西洋芹菜段。
4. 這個涼拌醬汁除了與海鮮類很適合，加入雞絲也很搭喔！

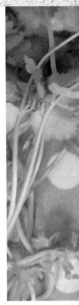

果香涼拌海鮮

材料

1	大草蝦　12 ～ 15 隻	4	哈斯酪梨　1 顆
2	大透抽　1 尾	5	小番茄　5 顆
3	鳳梨　100g	6	米酒　適量

涼拌醬汁材料

1	初榨橄欖油　2 大匙	5	香菜末　2 大匙
2	檸檬汁　2 大匙	6	去籽大紅辣椒末　1 大匙
3	二砂糖　1 ～ 2 大匙	7	蒜頭泥　1 小匙
4	魚露　1 大匙		

步驟

1. 蝦子去蝦頭及蝦殼，保留蝦尾，開背去腸泥，透抽撥皮切花。
2. 滾水鍋中放入米酒，放入草蝦仁、透抽片燙熟，撈起過冰開水後瀝乾備用。
3. 鳳梨、酪梨切約 0.5 公分片狀、小番茄對切備用。（鳳梨與酪梨片可以用乾鍋烙過，風味會更好。）
4. 將涼拌醬汁中的 1 ～ 4 項充分拌至糖融及完全乳化，續加入 5 ～ 7 拌勻備用。
5. 將海鮮與水果充分拌勻即可。

廚房小祕訣

❶ 蕃茄塊要炒至有點糊化，風味更佳。

茄香毛豆蝦仁

材料

1　白蝦仁　**300g**

2　毛豆仁　**100g**

3　牛番茄　**3** 個

4　蔥白末　**1** 大匙

5　薑末　**1** 小匙

6　清水　**50ml**

7　太白粉水　適量

8　調理油　適量

註　太白粉 1：水 3 = 太白粉水

蝦仁醃製調味料

1　鹽　**1** 小搓

2　白胡椒粉　少許

3　米酒　**1** 小匙

4　太白粉　**1** 小匙

調味料

1　番茄醬　**2** 大匙

2　冰糖　**1** 大匙

3　烏醋　**1** 小匙

4　白芝麻油　**1** 小匙

Chapter 4 —— 水產海鮮料理

129

步驟

1   蝦仁用醃製調味料抓醃，靜置 10 分鐘備用。

2   牛番茄劃十字，與毛豆仁一同放入沸水川燙（約 1 分鐘），取出泡
     冷水，番茄去皮切塊備用。

3   炒鍋燒熱放入少許油，將步驟 1 蝦仁煎至 7 成熟，夾起備用。

4   原鍋續下薑末、蔥白末炒出香氣，續下步驟 2 番茄塊、毛豆、清水
     拌炒 2 分鐘至微收汁。

5   續下調味料中的番茄醬、冰糖、烏醋炒香。

6   放入煎香的蝦仁拌炒至蝦仁熟透，用少許太白粉水勾薄芡，下少許
     白芝麻油增香即可。

廚房小祕訣

❶ 明蝦可以換成魚片、透抽、新鮮小卷…等海鮮皆可。

| DELICIOUS RECIPES | 06 |

金銀蒜蒸大蝦

材料

1　大明蝦（或大草蝦）　8 隻
2　純米米苔目　適量
3　金銀蒜蒸醬　適量
4　青蔥末　1 大匙

嗆香用油：花生油 1 大匙＋白芝麻香油 1 大匙

步驟

1　大明蝦（或大草蝦）剪去頭部尖刺、鬚腳，由頭縱切（或是用剪刀）到尾部（勿剪斷），去腸線、胃囊備用。
2　取長蒸盤將米苔目鋪底，放上開邊明蝦（肉朝上），在蝦肉上均勻鋪上金銀蒜蒸醬。
3　放入大火燒開的蒸鍋中，蒸 3 ～ 5 分鐘取出，灑上蔥花。
4　將嗆香用油加熱至冒煙，淋在步驟 3 的蔥花上即可。。

廚房小祕訣

❶ 透抽用浸熟的方式，可以保持鮮嫩不縮水。

❷ 洋蔥絲泡冰水可以降低辛辣味。

| DELICIOUS RECIPES | 07 |

五味醬透抽

材料

1	透抽（軟絲） 1 尾 （300 ～ 500g）	6	洋蔥絲 1／4 顆量
2	青蔥 2 根	7	芫荽末 適量
3	薑片 5 片	8	五味海鮮醬 適量
4	米酒 適量	9	清水 1500ml
5	小黃瓜粗絲 1 根量	10	冰塊水 適量（飲用水）

Chapter 4 —— 水產海鮮料理

步驟

1 洋蔥絲泡冰塊水 30 分鐘後瀝乾，與小黃瓜絲拌勻，放在餐盤中墊底備用。

2 透抽（軟絲）洗淨去皮及內臟後瀝乾備用。

3 鍋中放入青蔥、薑片、清水煮滾，放入米酒、透抽，蓋上鍋蓋後熄火，燜熟（約 3 ～ 5 分鐘）。

4 撈出步驟 3 透抽，放入冰水裡降溫，夾起瀝乾，切小圈，擺在步驟 1 墊有蔬菜的餐盤上。

5 淋上五味海鮮醬，灑上少許芫荽即可。

廚房小祕訣

❶ 鮮蚵用麵粉（太白粉、玉米粉皆可）清洗可以迅速去除黏液。

❷ 燙鮮蚵的沸水，水量要多，不然沾了粉的鮮蚵下鍋，會糊成一坨喔！

DELICIOUS RECIPES | 08 |

蒜泥鮮蚵

材料

1	鮮蚵　300g	3	地瓜粉　適量
2	韭菜　200g	4	麵粉　1 大匙
	（或是韭菜＋豆芽）	5	沸水　一鍋

蒜味醬油膏材料

1	花生油　1 大匙	6	白胡椒粉　1 小匙
2	蒜頭末　2 大匙	7	米酒　1 大匙
3	紅辣椒末　1 大匙	8	白芝麻香油　1 小匙
4	醬油膏　3 大匙	9	清水　1 大匙
5	砂糖　1 小匙		

步驟

1. 炒鍋中放入蒜味醬油膏材料 1 ～ 3 炒香，續放 4 ～ 9 燒開後煮至微微濃稠，即為蒜味醬油膏。
2. 韭菜洗淨切段，用熱水川燙，瀝乾後擺入餐盤中備用。
3. 鮮蚵用麵粉輕輕拌勻，用水沖乾淨瀝乾。
4. 將鮮蚵均勻沾上地瓜粉，迅速一次性放入滾沸水中，用筷子撥開，蓋上鍋蓋，熄火燜燙（約 1 分鐘）。（用燜燙方式的水量要多一些，此處約用 1500 ～ 2000ml 熱水。）
5. 將燙熟的鮮蚵撈起，放在步驟 2 墊有韭菜的餐盤上，淋上蒜味醬油膏即可。

Chapter 4 ── 水產海鮮料理

廚房小祕訣

❶ 鮮干貝容易出水，拍上少許麵粉可以吸收水分。

❷ 步驟 3 蝦仁與干貝也可以用川燙的方式取代乾煎，川燙熟度約 7 分熟。

XO 醬炒雙鮮

材料

1. 白蝦仁　**10** 隻
2. 鮮干貝　**10** 個
3. 櫻花蝦 XO 醬　**2** 大匙
4. 紅蘿蔔片　適量
5. 荷蘭豆莢　**100g**

6. 青蔥　**1** 根
7. 蒜末　**1** 大匙
8. 麵粉　適量
   （中、低筋皆可）
9. 料理油　適量

調味料

1. 蠔油　**1** 大匙
2. 糖　**1／2** 小匙
3. 白胡椒粉　少許
4. 米酒　**1** 大匙

步驟

1. 青蔥切段，荷蘭豆莢撕去老筋後洗淨，調味料 1 ～ 4 拌勻備用。
2. 白蝦仁及鮮干貝用廚房紙巾擦乾水分，拍上薄薄一層麵粉備用。
3. 炒鍋中放入油燒熱，下蝦仁、鮮干貝煎至 7 分熟備用。（此處需用大火，海鮮下去之後不要翻炒，要用煎的方式，否則容易出水。）
4. 原鍋放入蒜末、櫻花蝦 XO 醬炒至有香氣，續下紅蘿蔔片、蔥段、荷蘭豆莢炒至半熟。
5. 續放入步驟 3 海鮮、拌勻的調味料，大火炒至全熟即可。

廚房小祕訣

① 可以額外添加杏鮑菇省菜錢喔。

② 中卷去皮可以降低腥味，如不介意可以省略此步驟。

三杯中卷

材料

1　中卷（大）　1～2隻
2　薑片　5片
3　去膜蒜頭　6顆
4　大紅辣椒　1根
5　青蔥　1根
6　九層塔葉　適量
7　米酒　1大匙
8　三杯醬　2大匙
9　料理油　適量

步驟

1　中卷去皮及內臟後切 0.5 公分圈狀，大紅辣椒切斜片，青蔥切段備用。
2　炒鍋放入少許油、薑片、蒜頭，從冷油慢慢將材料煸香。
3　續下中卷，大火煎至 7 成熟，放入三杯醬、青蔥段、紅辣椒片快速拌勻。
4　沿鍋邊嗆入米酒，放入九層塔葉翻拌 30 秒即可。

廚房小祕訣

① 剁椒醬需先用熱油炒過,香氣才會出來。

② 如果買的是鹹小卷,可以用清水浸泡去鹽份之後再料裡,調味料中的鹽則可以省略。

薑絲辣小卷

材料

1 新鮮小卷　**300g**
2 青蔥粒　適量
3 發酵剁辣椒　**2 大匙**
4 薑絲　**20g**
5 米酒　**2 大匙**
6 鹽　適量
7 調理油　適量

Chapter 4 ——— 水產海鮮料理

步驟

1 炒鍋中放入 1 大匙油燒熱、下薑絲煸至略乾，下發酵剁辣椒炒香。
2 放入小卷，中火翻炒均勻，嗆入米酒，蓋上鍋蓋燜 30 〜 60 秒。（如果買的小卷很大隻，可以增加米酒的量，或是額外添加清水。）
3 續打開鍋蓋，灑上青蔥粒拌勻，用少許鹽調味（也可不放），即可裝盤。

廚房小祕訣

❶ 小尾的紅鰭石班、紅喉、馬頭魚、赤鯮魚⋯等白肉魚都很適合。

❷ 牛蒡、綠竹筍、白蘿蔔、生豆包、煎過的板豆腐⋯都可以搭配。

❸ 蓋上一張烘焙紙（或是鋁箔紙），其實是代替日本做煮物時常使用的「落とし蓋」，因為可以貼緊食材，在燉煮的過程中比較不會蒸發掉過多的湯汁，也加速食材入味縮短烹調的時間。

日式紅燒煮魚

材料

1 石狗公 **1** 尾
2 油豆腐 **6** 個

調味料

1 清酒 **150ml**
2 本味霖 **50ml**
3 醬油 **50ml**
4 冰糖 **30g**
5 清水 **150ml**
6 嫩薑片 **3** 片

步驟

1 調味料放至鍋中煮沸。
2 把石狗公洗淨擦乾，單面劃上十字刀痕，與油豆腐一起放入煮汁中。
3 貼近材料，蓋上一張烘焙紙（或是鋁箔紙），煮滾後轉小火，保持微滾狀態，煮約 8 ～ 10 分鐘。
4 將烘焙紙掀開，用湯匙將湯汁澆在魚上，續煮約 5 ～ 10 分鐘至微微收汁即可。

廚房小祕訣

❶ 魚肉上抹鹽讓它出水，能夠有效去除魚腥味。

❷ 三角魚、馬頭魚、赤鯮魚…等，小尾的白肉魚都很適合。

❸ 蔭冬瓜、蔭竹筍、西瓜綿、高麗菜酸、破布子…等都可以代替。

醬鳳梨煮魚

材料

1　蔭鳳梨醬　**150g**
　　（醃汁＋蔭鳳梨果肉）

2　海水吳郭魚　**1 尾**

3　蔥末　適量

4　乾辣椒　**3 根**

5　蒜末　**1 小匙**

6　冰糖　**1 小匙**

7　米酒　**1 大匙**

8　清水　**500ml**（可適量增減）

9　鹽 & 油　適量

(註) 喜歡醬香者，可以加少許醬油同煮。

步驟

1　海水吳郭魚洗淨，刮乾淨腹部內部髒汙，用少許鹽均勻抹上，醃 10 分鐘後用廚房紙巾擦乾備用。

2　蔭鳳梨醬稍稍剁碎備用。

3　鍋中下少許油，放入蒜末、乾辣椒、蔭鳳梨、冰糖炒香。

4　原鍋續下米酒、清水大火燒開，放入海水吳郭魚，蓋上鍋蓋，轉中火煮 8 ～ 10 分鐘。（中間可翻面一次入味。）

5　起鍋前稍稍用鹽調味（可不放），放上蔥末即可。

廚房小祕訣

❶ 用鯖魚、秋刀魚、透抽、魷魚⋯都可以做。

❷ 如用 5% 的鹽水浸泡 2 小時，通風處風乾一晚，就是單純的原味一夜乾。
　（1000ml 清水＋ 50g 食鹽 =5% 鹽水）

醬香一夜乾

材料

1 午魚 **1 尾**
2 鹽 **1 小匙**
3 白芝麻粒 **適量**

一夜乾醃製醬汁

1 醬油 **150ml**
2 本味霖 **150ml**
3 清酒（或純米酒） **50ml**
4 冰糖 **30g**
   （糖量可以視個人口味調整）

步驟

1 剖開的午魚洗淨，刮乾淨腹部內部髒汙，用鹽均勻抹上，醃 10 分鐘後用廚房紙巾擦乾備用。（剖魚的部分請魚販處理，就說要做一夜乾的就好。）（抹鹽的部分可以改泡在 5% 鹽水裡一小時。）

2 醃製醬汁煮開後放涼備用。

3 將步驟 1 午魚放入步驟 2 醬汁中，浸泡 30 分鐘。

4 取出後灑上白芝麻粒，可以用竹籤幫助攤開，放在濾網架上或是掛在通風處，風乾一夜即可。（擺在冰箱上層出風處也可以。）

5 取出後刷上份量外的本味霖，烤熟或是煎熟，就是美味的一夜乾料理囉。

Chapter 4 —— 水產海鮮料理

廚房小祕訣

❶ 豬或牛絞肉皆可使用。

❷ 鯛魚片可改鬼頭刀魚肉、鱸魚片、虱目魚柳、旗魚肉…皆可。

麻婆魚片

材料

1　台灣鯛魚肉　300g
2　青蔥末　2 大匙
3　麵粉　適量
　　（中、低筋皆可）
4　蔥末　適量
5　料理油　適量

魚片醃製材料

1　醬油　1 大匙
2　糖　1 小匙
3　白胡椒粉　1 大匙
4　米酒　1 大匙

麻婆醬汁材料

1　豬絞肉　50g
2　蒜頭末　1 小匙
3　辣椒末　1 小匙
4　辣豆瓣醬　1 大匙
5　醬油　1 大匙
6　花椒粉　1 小匙匙
7　高湯（或清水）　300ml
8　太白粉水　適量

步驟

1　將魚肉切成約 4 公分見方的魚片，用魚片醃製材料抓拌均勻，靜置 10 分鐘備用。

2　在魚片上拍上薄薄一層麵粉，靜置 2 分鐘回潮。

3　鍋中用多些油燒熱，以半煎炸方式將魚片入鍋炸至兩面金黃，夾出 放在餐盤上備用。（亦可用 160～170℃油溫油炸。）

4　原炒鍋保留少許油，下豬絞肉炒至金黃略乾有香氣。

5　依序下麻婆醬汁中 2～6 炒出醬香，放入高湯（或清水），煮至剩 1／2 醬汁量，下太白粉水勾薄芡。

6　將步驟 5 醬汁淋在步驟 3 炸魚片上，灑上少許蔥花即可。

蔬菜雞蛋料理

蔬菜你只會用清炒的方式嗎？雞蛋也有特殊的料理方式！
跟著丫樺媽媽的步驟，也能將單調的蔬菜和雞蛋，
變成各式風味的佳餚！

廚房小祕訣

➊ 醃漬發酵的蔬菜用動物油來料理，口感比較油潤不澀口。

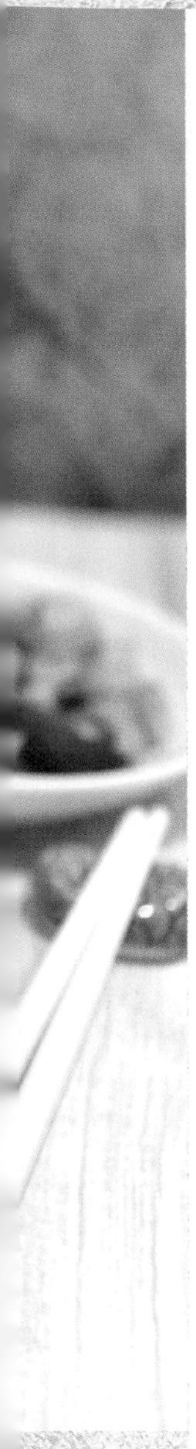

酸豇豆炒肉末

材料

1　酸豇豆　**300g**
2　豬粗絞肉　**100g**
3　發酵剁辣椒　**1 大匙**
4　蒜頭末　**1 大匙**
5　糖　**1 小匙**
6　鹽　適量
7　豬油　適量

步驟

1　酸豇豆用清水洗淨，切成 0.5 公分小粒。
2　鍋中放入豬油燒熱，下發酵剁辣椒、蒜末炒出香氣。
3　續下豬絞肉炒至絞肉呈現金黃略乾。
4　放入步驟 1 酸豇豆粒翻炒至有香氣，起鍋前用糖、鹽調味即可。

Chapter 5 ── 蔬菜雞蛋料理

廚房小祕訣

❶ 洗過水的菜乾要用乾鍋先把水氣炒掉，香氣才會出來喔。

❷ 客家福菜可以改用梅乾菜、廣東橄欖菜代替。

福菜炒四季豆

材料

1   四季豆　300g
2   客家福菜　30 ～ 40g
3   豆乾　3 片
4   蒜頭末　1 大匙
5   糖　1 小匙
6   醬油　1 大匙
7   鹽　適量
8   清水　50ml
9   豬油　適量

步驟

1   四季豆撕去老筋，切成 0.5 公分小粒，豆乾切成與四季豆相同大小
　　的丁狀。
2   客家福菜稍稍浸泡去鹹味，切成碎末備用。
　　（不能浸泡太久會不香，嚐一下不是太鹹就可以撈起。）
3   乾鍋下福菜末，炒至水份減少有香氣，盛出備用。
4   鍋中放入豬油燒熱，下豆乾丁炒香，續下蒜頭末、福菜末炒出香氣。
5   放入四季豆、糖、醬油、鹽（可不放）、清水，翻炒至水分收乾，
　　蔬菜熟透即可。

廚房小祕訣

① 洗過水的菜乾要用乾鍋先把水氣炒掉,香氣才會出來喔。

② 苦瓜如用油炸過風味更佳。

③ 如果要做成涼菜,則不要放入五花肉或是動物性油脂。

梅菜燒苦瓜

材料

1	苦瓜　1 條（約 600g）	6	醬油　70ml
2	梅乾菜　50g	7	冰糖　2 大匙
3	五花肉　100g	8	米酒　1 大匙
4	帶膜蒜頭　6 瓣	9	清水　500ml
5	薑片　6 片	10	油　適量

註 調味料及水量可以微調。

步驟

1. 五花肉切 0.5 cm 厚度，苦瓜去籽及內膜後切大塊，梅乾菜清水洗淨切小段備用。（如果不是特別怕苦，苦瓜的內膜可以不去。）
2. 乾鍋下梅乾菜炒至水份減少有香氣，盛出備用。
3. 鍋中下少許油燒熱，放入五花肉片煸至金黃有香氣。
4. 放入薑片、蒜頭、步驟 2 梅乾菜炒香。
5. 將梅菜推至鍋邊，續放入苦瓜煎至表皮金黃略焦。
6. 原鍋續下冰糖、醬油、米酒稍稍炒過，放入清水，燒開後轉小火燉至入味收汁即可。
7. 起鍋前可用鹽調味（也可不放）。

廚房小祕訣

❶　雞蛋改用鴨蛋，炸出來的蛋酥香氣更濃。

DELICIOUS RECIPES | 04 |

蛋酥白菜滷

材料

1 包心白菜　1 大顆
2 開陽（蝦米）　30g
3 乾香菇　10 朵
4 紅蘿蔔　1／2 條
5 蒜末　2 大匙
6 薑末　1 大匙
7 芫荽（香菜）　適量
8 高湯　500ml
　　（可增減，可用清水＋香菇水）
9 太白粉水　適量
10 調理油　適量

調味料

1 蠔油　4 大匙
2 白胡椒粉　少許
3 白芝麻香油　適量
4 烏醋　適量
5 鹽　適量

步驟

1   胡蘿蔔切粗絲，白菜切大段，芫荽切碎備用。

2   香菇泡發擠乾水分切絲（保留香菇水），開陽用米酒水稍稍泡過瀝乾。

3   炒鍋中放入少許油，下薑末、蒜末、香菇絲、開陽炒香，下蠔油炒出醬香。

4   續下大白菜、紅蘿蔔絲炒軟，放入高湯，大火燒開後轉中小火燜煮至白菜熟軟。

5   用鹽、烏醋、白胡椒粉、白芝麻香油調味，下太白粉水勾薄芡，煮沸即可。

6   裝盤後灑上蛋酥、芫荽搭配食用。

蛋酥材料

全蛋液 1 顆、蛋黃 2 顆、油 2 大匙

蛋酥步驟

1   全蛋液 1 顆、蛋黃 2 顆、油 2 大匙拌勻後備用。

2   油鍋燒熱至 170 ～ 180 度熄火，將步驟 1 蛋液透過多孔漏勺均勻灑至油面上。（家庭做法可改用多些油高溫炒至香酥，鍋鏟快速以打圈圈方式攪拌。）

3   重新開大火，至油鍋出現油泡泡，蛋酥呈現稍微的淺褐色，撈起後用筷子輕輕撥鬆即可。

蛋酥步驟圖

廚房小祕訣

❶ 乾猴頭菇可以一次處理多一點份量，炸好可以放冷凍保存，下次要做的時候就可以直接使用。

糖醋猴頭菇

材料

1　乾猴頭菇　**50g**
2　甜椒　**1** 顆
3　鳳梨　**1／4** 顆
4　紅蔥頭　**2** 顆
5　地瓜粉　適量
6　炸油　適量

猴頭菇醃料

1　雞蛋　**2** 顆
2　醬油　**1** 大匙
3　白胡椒粉　**1／2** 小匙
4　太白粉　**1** 大匙

糖醋醬汁材料

1　番茄醬　**2** 大匙
2　水果醋　**3** 大匙
　　（此處用黑豆桑蘋果淳）
3　糖　**1** 大匙
4　鹽　少許
5　太白粉　**1** 小匙
6　清水　**3** 大匙

【黑豆桑】珍果淳

嚴選新鮮五果靜置菌釀發酵，歷經長時間釀造，轉換為淳。完整保留香氣與營養，不嗆不燒喉，適合與水稀釋飲用或者入菜提味。

乾猴頭菇處理方式：

1 將乾猴頭菇放入盆中用清水浸泡約 3 小時，每半小時換一次水，直到浸泡的水變清澈透明。（一開始水會有點發黃，每次換水都要把猴頭菇的水擠乾，才加入新的清水浸泡。）
2 用手將浸泡完成的猴頭菇撕成小塊，較硬的蒂頭要摘除。
3 燒一鍋熱水，將猴頭菇放入煮 10 ～ 20 分鐘，撈起放入冷水裡降溫，降溫後擠乾水分即可。（可以拿一小塊試吃一下是否有苦味，如果還有苦味，重複步驟 3 一次。）

步驟

1 紅蔥頭、甜椒切片，鳳梨切小片，糖醋醬汁拌勻備用。
2 將處理好的猴頭菇用醃料醃 20 分鐘，油炸前均勻灑上一層地瓜粉備用。
3 炸鍋中放入適量的炸油燒熱（約 160℃），放入步驟 2 猴頭菇，油炸至金黃撈起瀝乾。（可以用 180℃高溫，回鍋再炸 30 秒逼油。）
4 炒鍋中放入少許油，下紅蔥頭、甜椒炒香，倒入糖醋醬汁煮滾。
5 放入炸好的猴頭菇翻炒至糖醋醬汁完全附著，放入鳳梨片拌勻即可。

廚房小祕訣

❶ 可以添加一些風味較獨特的菌菇類，做成不同風格的菇菇醬。例如：牛肝菌、羊肚菌、鮮巴西蘑菇…等。

菇菇拌飯醬

材料

1　金針菇　**1** 包
2　鴻喜菇　**1** 包
3　鮮香菇　**10** 大朵
4　白芝麻香油　適量
5　日式高湯　約 **300ml**
　　（可參考食譜內日式高湯作法）

簡單柴魚高湯作法：**500ml** 清水煮滾，熄火，放入 **10g** 柴魚片浸泡 **2** 分鐘，過濾後即可。

調味料

1　醬油　**2** 大匙
2　本味醂　**1** 大匙
3　二砂糖　**1／2 ～ 1** 大匙

步驟

1　金針菇切掉蒂頭，對切成 **2** 截；鴻喜菇去掉蒂頭，剝成小塊；鮮香菇切薄片備用。
2　鍋中不放油，將步驟 **1** 處理好的菌菇放入乾炒，拌炒至軟化稍稍出水。
3　炒鍋中續放入少許白芝麻香油跟菌菇一起拌炒至有香氣。
4　放入調味料拌炒均勻，下日式高湯煮滾，轉小火煮至收汁即可。
　　（收汁的程度可以依各位喜好調整，但是至少要收到剩 **1／2** 醬汁比較合適。）

廚房小祕訣

① 米血糕先煮過可以讓翻炒時間縮短。

三杯米血杏鮑菇

材料

1   米血糕　**1** 片
2   杏鮑菇　**2** 大朵
3   三杯醬　**3** 大匙
4   薑片　**5** 片
5   去膜蒜頭　**6** 顆
6   大紅辣椒　**1** 根
7   九層塔葉　**1** 大把
8   調理油　適量

步驟

1   米血糕切小塊，放入熱水鍋中煮 2 ～ 3 分鐘，撈起後瀝乾備用。
2   杏鮑菇切成與米血糕同等大小的滾刀塊，大紅辣椒切斜片備用。
3   炒鍋放入少許油、薑片、蒜頭，從冷油開始慢慢將材料煸香。
4   續下米血糕、杏鮑菇煎炒至表面金黃，放入三杯醬中小火翻炒至微微收汁。
5   放入大紅辣椒片、九層塔葉翻拌 30 秒即可。

廚房小祕訣

❶　蛋液：高湯 =1：2.5 ～ 3（例如：50g 蛋液：125 ～ 150g 高湯）。

❷　鍋蓋留一個小縫可以避免壓力造成蜂巢空洞。

鮮蝦蛤蠣茶碗蒸

材料

1　全雞蛋液　**2** 顆量
　　（示範的是使用大顆雞蛋，蛋液約 **60g**）
2　大草蝦　**2** 隻
3　蛤蠣　**10** 顆
4　鴻喜菇　適量
5　嫩碗豆仁　少許
6　清酒　**1** 小匙
7　醬油　**1** 小匙
8　清水　**300ml+100ml**
　　（清水以料理所需要的份量多加 **50 ～ 100ml** 計算，
　　因為煮沸的過程水份會蒸發。）

⬚註 如果不想用蛤蠣湯底，也可以用日式高湯或其他替代即可。

步驟

1   小鍋中放入清水 400ml 煮滾，放入清酒、蛤蠣煮熟，分成蛤蠣湯與
    蛤蠣肉，放涼備用。（蛤蠣肉也可以先用蛤蠣湯浸泡備用，預防蛤
    蠣肉縮水。）

2   草蝦去頭、殼，留尾，開背去腸泥後洗淨備用。
    （可以用一小匙鹽與白蝦仁稍稍抓拌後再清洗。）

3   將雞蛋液、醬油、步驟 1 蛤蠣湯（300ml）拌勻，用濾網過濾備用。

4   在蒸碗中依序放入鴻喜菇、蛤蠣肉、鴻喜菇，交錯擺放。

5   將步驟 3 蛋液輕輕倒入蒸碗中至 8 分滿，放上蝦仁、嫩碗豆仁。
    （蒸碗如果有碗蓋，則蓋上碗蓋，如沒有則封上一層耐熱保鮮膜。）

6   放入已燒開水的蒸爐中，中火蒸 8 分鐘（鍋蓋夾一根筷子或竹籤留
    一個小縫）。

7   拿掉筷子，關火燜 5 ～ 10 分鐘即可。

廚房小祕訣

❶ 蛋液：高湯為 1：1～2（例如：50g 蛋液：50～100g 高湯）。

❷ 鍋蓋留一個小縫可以避免壓力造成蜂巢空洞。

❸ 日式茶碗蒸追求細緻滑嫩的口感，所以高湯（或水）的比例會比較高；
傳統的蒸蛋比較追求有蛋香，口感紮實一些，所以高湯（或水）的比例會比較低。

❹ 如果為了美觀，可以用少許清水將海瓜子煮至開口，再擺入盤中。
（煮完之後的湯水可以當作高湯使用。）

海瓜子蒸蛋

材料

1　全雞蛋液　**2** 顆
　　（這邊使用大顆蛋，蛋液約 **60g** ／顆）
2　海瓜子　**150g**
3　青蔥末　適量
4　高湯（**1.5** 倍）　**180ml**
5　萬用調味醬油汁　適量

註 雞高湯、柴魚高湯、昆布高湯、清水皆可。
註 因為海瓜子有鹹味，所以此處蛋液不加鹽。

步驟

1　海瓜子用溫鹽水浸泡吐沙，洗淨後備用。
　　（約 40 ～ 45℃的溫水可以讓吐沙的速度變快。）
2　將蛋液、高湯拌勻，用濾網過濾備用。
3　將吐好沙的海瓜子均勻放入深盤中，將步驟 2 蛋液輕輕倒入。
　　（盡量讓海瓜子開口向上，蒸好較美觀。蛋液可以再過濾一次，會更細緻。）
4　放入已燒開水的蒸爐中，中火蒸 15 ～ 20 分鐘。（鍋蓋夾一根筷子透氣。）
5　取出後撒上青蔥末，澆上萬用調味醬油汁即可。（可以在步驟 3 時將青蔥粒放入一同蒸熟。）

廚房小祕訣

❶ 肉末炒的越酥,香氣越好。

❷ 皮蛋改成豆干丁,就是傳統風味的蒼蠅頭囉。

皮蛋蒼蠅頭

材料

1　韭菜花　**200g**
2　皮蛋　**3** 顆
3　豬絞肉　**200g**
4　黑豆豉　**1** 大匙
5　紅辣椒末　**2** 大匙
6　蒜頭末　**3** 大匙
7　米酒　**1** 大匙
8　糖　**1** 小匙
9　醬油　**1** 大匙
10　白胡椒粉　適量
11　調理油　適量

豬絞肉醃料

1　醬油　**1** 小匙
2　白胡椒粉　少許
3　米酒　**1** 小匙

步驟

1　豬絞肉用醃料稍稍醃過，乾豆豉用水稍稍清洗，韭菜花摘掉花苞切小丁備用。
2　皮蛋用電鍋蒸熟，放涼切小丁備用。（電鍋外鍋一杯水，或是直接放到熱水裡煮熟也可以。）
3　炒鍋中放入少許油燒熱，下豬絞肉炒至金黃微焦，放入黑豆豉、蒜末、辣椒末炒至有香氣。
4　再放入皮蛋丁快速翻炒，沿鍋邊下米酒、醬油嗆香，下糖、白胡椒粉拌勻。
5　放入韭菜花快速翻炒至熟透即可。

Chapter 5 —— 蔬菜雞蛋料理

廚房小祕訣

❶ 韓式大醬可以改用日本味噌、東北大醬、麵豉醬皆可。

毛豆燒豆包

材料

1 毛豆仁 **150g**
2 炸豆包 **3** 片
3 新鮮黑木耳 **1** 大片
4 薑片 **5** 片
5 麻油 **1** 大匙

調味料

1 韓式大醬 **1** 大匙
2 醬油 **1** 小匙
3 糖 **1** 小匙
4 五香粉 **1／2** 小匙
5 高湯（或清水） **50～100ml**

步驟

1 炸豆包用熱水稍稍洗去多餘油脂，切成約 3 公分小塊。（一片豆包切成 6 片左右，橫向一刀，縱向兩刀。）
2 毛豆仁用熱水川燙 1 分鐘，放入涼開水中降溫，撈起瀝乾備用。
3 黑木耳切與炸豆包塊同大小備用。
4 調味料 1 ～ 5 用一個小碗拌勻。
5 炒鍋中放入麻油、薑片，小火焗至薑片微乾，放入步驟 1 豆包煎至兩面金黃，放入黑木耳拌勻。
6 倒入步驟 4 調味醬汁，煨至剩下約 1／3 醬汁，放入毛豆仁翻炒至微微收汁即可。

廚房小祕訣

❶ 水煮蛋可以改成煎得酥脆的荷包蛋切塊，或是先炒醬料再放入蛋液散炒也可以。

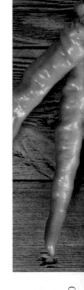

DELICIOUS RECIPES | 12 |

回鍋蛋

材料

1　水煮蛋　**4** 顆
2　青蒜苗　**1** 根
3　糯米椒　**10** 根
　　（牛角椒、青椒⋯皆可）
4　大紅辣椒　**1** 根
5　蒜末　**1** 大匙
6　麵粉（或太白粉）　適量
7　料理油　適量

調味料

1　老乾媽辣豆豉醬　**1** 大匙
　　（或用發酵剁椒醬＋黑豆豉）
2　醬油　**1** 大匙
3　黃酒　**1** 大匙
4　烏醋　**1／2** 大匙
5　糖　**1** 小匙

步驟

1　水煮蛋剝殼後切成約 0.5 公分片狀，灑上薄薄一層麵粉備用。
2　糯米椒、大紅辣椒切 1 公分小段，青蒜苗切斜片備用。
3　調味料 1 ～ 5 用一個小碗拌勻備用。
4　炒鍋中放入少許油燒熱，下步驟 1 蛋片煎至金黃微焦，放入蒜末炒香。
5　放入糯米椒、大紅辣椒、步驟 3 調味醬汁快速翻炒至微微收汁。
6　放入青蒜苗段翻炒均勻即可。

廚房小祕訣

❶ 煎餅時，馬鈴薯麵糊不宜太厚，口感較佳。

❷ 面糊的水量，要視麵粉的吸水性做微調。

| DELICIOUS RECIPES | 13 |

馬鈴薯煎餅

材料

1　馬鈴薯　200g
2　紅蘿蔔絲　30g
3　青蔥末　1 大匙
4　蝦米（開陽）　1 大匙
5　玉米粉　30g
6　中筋麵粉　120g

7　雞蛋　1 顆
8　鹽　2 小匙
9　白胡椒粉　1 小匙
10　水　130 〜 150ml
11　油　適量

> 註 馬鈴薯可改用櫛瓜、瓠瓜⋯等蔬菜代替。
> 註 可用萬用調味醬油汁當沾醬。

步驟

1　馬鈴薯去皮切絲後用清水泡 10 分鐘去除澱粉質，瀝乾水分備用。
2　蝦米用少許米酒水泡過瀝乾，切碎備用。
3　調理皿裡放入麵粉、玉米粉、雞蛋、鹽、白胡椒粉、水拌勻備用。
4　將步驟 1、2、3 拌勻。
5　平底鍋中放入油，倒入步驟 4 煎餅麵糊（約 0.3 〜 0.5 公分高），用
　　中小火煎至兩面金黃熟透即可。
　　（如果是厚煎餅，需加上鍋蓋輔助煎餅中心熟透。）

Chapter 5 —— 蔬菜雞蛋料理

廚房小祕訣

① 麵腸用剝的邊緣會不規則，煎的時候會比較焦脆，也容易吸附醬汁。

② 麵腸可以改用炸豆包或是豆乾。

酸菜炒麵腸

材料

1　麵腸　3 條
2　酸菜梛子　100g
　（不要葉子的部分）
3　薑絲　20g
4　大紅辣椒片　5 片
5　醬油　1 大匙
6　二砂糖　1 小匙
7　豬油　1 ～ 2 大匙

Chapter 5 ── 蔬菜雞蛋料理

步驟

1　酸菜用清水洗淨，切成粗絲，乾鍋炒至水分稍稍蒸發後撈起備用。
　（酸菜如果太鹹，可以適當浸泡一下清水。）
2　麵腸洗淨，用手剝成塊狀備用。
3　炒鍋中放入豬油及麵腸，煎至金黃，放入薑絲，一同繼續煏至薑絲
　微乾。
4　放入酸菜絲，大火翻炒至酸菜有香氣。
5　續放入大紅辣椒片、二砂糖，沿鍋邊嗆入醬油，翻炒至均勻有香氣
　即可。

廚房小祕訣

① 炸過的茭白筍、竹筍也都很適合喔。

② 如果是生的鹹蛋黃,可以先噴上少許米酒再放入烤箱烤熟,或是用電鍋蒸熟。

金沙堅果南瓜

材料

1　南瓜淨肉　**300g**
2　熟鹹蛋黃　**3** 個
3　熟堅果碎　適量
　（腰果、核桃、松子、花生、
　芝麻…皆可）
4　玉米粉　適量
5　油　適量

Chapter 5 ——

蔬菜雞蛋料理

步驟

1　將南瓜去皮切成長條狀，放入沸水裡煮 2 分鐘，撈起瀝乾備用。
　（這邊去皮是為了口感，不去皮也可以。）
2　將步驟 1 南瓜條均勻沾上玉米粉，放入中高溫（170 ～ 180℃）油鍋
　炸熟，撈起瀝乾備用。（太白粉、生粉、麵粉皆可。如果不用炸的，
　可以用多些油煎南瓜。）
3　鹹蛋黃用刀背壓成泥備用。
4　炒鍋中放入一大匙油燒熱，下鹹蛋黃炒至均勻冒小泡泡。
5　放入步驟 2 南瓜條翻炒至均勻沾附鹹蛋黃。
6　裝盤後灑上堅果碎即可。

廚房小祕訣

① 綠竹筍可以改成筊白筍。

② 直接用煮熟的綠竹筍切絲拌炒，則可以省略清水燜煮的時間。

DELICIOUS RECIPES | 16 |

鮮筍炒木耳絲

材料

1　綠竹筍　300g（淨重）
2　黑木耳　3 片
3　紅甜椒　1 顆
4　青蔥　2 根
5　乾辣椒　5 根
6　薑　5 片
7　黃酒　2 大匙
8　糖　1 小匙
9　清水　50 ～ 100ml
10　料理油 & 鹽　適量

步驟

1　竹筍切絲，黑木耳切絲，紅甜椒切絲，蔥切段，薑切絲備用。
2　炒鍋下少許油燒熱，下薑絲、乾辣椒炒至有香氣。
3　原鍋續下竹筍絲、黑木耳絲、清水，蓋上鍋蓋稍稍燜煮至水份收乾。
4　鍋邊嗆香黃酒後下紅甜椒、蔥段稍稍翻炒，下鹽、糖調味即可。

廚房小祕訣

1 不放潑油辣子就是原味的拌腐竹。

2 蒜頭末如果改用老陳醋泡蒜或是糖蒜，風味更好喔。

3 醬汁還可以用來做涼拌金針菇、涼拌蒸茄子喔。

DELICIOUS RECIPES | 17 |

紅油拌腐竹

材料

1　乾腐竹（或炸腐竹）　**200g**
2　乾川耳　**20g**
3　西洋芹　適量
4　香菜（芫荽）　適量

調味醬汁

1　紅辣椒末　**1 大匙**
2　蒜頭粗末　**2 大匙**
3　烏醋　**1 大匙**
　　（或是老陳醋）

4　潑油辣子　**1 大匙**
5　萬用調味醬油汁　**2 大匙**
6　芝麻香油　**1 小匙**

步驟

1　西洋芹削去較老的外皮，切小段（或斜片），沸水川燙約 10 秒，撈出過涼開水冷卻備用。
2　乾腐竹用溫熱水（約 50℃）浸泡至軟，切小段，沸水川燙約 30 秒，撈出過涼開水冷卻備用。　（用冷水浸泡最好，但需要時間較長。用熱水容易中心浸不透，外層又太軟爛。）
3　乾川耳泡軟洗淨，切除較硬的蒂頭，沸水川燙約 1 ～ 2 分鐘，撈出過涼開水冷卻備用。
4　調味醬汁拌勻，稍稍靜置幾分鐘。
5　將步驟 2 腐竹段、步驟 3 川耳先與步驟 4 調味醬汁拌勻。
6　續拌入步驟 1 西洋芹與切碎的香菜即可。

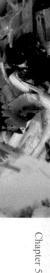

Chapter 5 —— 蔬菜雞蛋料理

廚房小祕訣

1 可增加少許芝麻醬或花生醬添加風味。

2 南瓜（紅蘿蔔）可以不蒸熟，但是風味會有點不同。

3 醬的部分可增添少許魚露增味。

黃金泡菜

材料

1 高麗菜　500g（100%）（或大白菜）

2 鹽　15g（3%）

3 南瓜　50g（10%）（可用紅蘿蔔代替或是各一半）

4 糯米醋　50g（10%）

5 糖　25g（5%）

6 豆腐乳　15g　（約 1 ～ 2 塊）

7 去膜蒜頭　35g

8 紅辣椒　適量（2 根朝天椒為小辣）

步驟

1 高麗菜用手撕成片狀，清水洗淨，放入鹽，室溫醃漬至菜葉軟化（中途需翻拌）。（可以裝入一個大塑膠袋，袋口綁緊用搖晃的方式亦可。醃漬約 30 ～ 60 分鐘，也可隔夜。）

2 將步驟 1 高麗菜的澀水倒掉，用涼開水沖洗一下鹽分，並將水分盡量擠乾。（如擔心太鹹，可以用流動清水，走水至菜葉嚐起來沒鹹味。因為是生食，最後需用可飲用水再沖洗一次。）

3 南瓜（紅蘿蔔）蒸熟，與材料 4 ～ 8 用果汁機打成醬汁。

4 步驟 2、步驟 3 拌勻，裝瓶冷藏一天即可。

廚房小祕訣

❶　白蘿蔔、紅蘿蔔、洋蔥…皆可製作喔。

❷　此處小黃瓜我沒有用鹽抓過加重物脫水，因為我比較喜歡沒有脫水過的口感。

淺漬糖醋小黃瓜

材料

1. 小黃瓜　3 根
2. 紅辣椒　1 ～ 2 根
3. 糯米醋　180ml
4. 冰糖　150g
5. 鹽　1 小匙

步驟

1. 糯米醋、冰糖小火加熱至糖溶後熄火，放涼後即為醃汁。
2. 紅辣椒切小圓圈片。
3. 將小黃瓜頭尾切除，切 0.2 公分小圓片，加 1 小匙鹽拌勻靜置殺青（約 10 分鐘），用冷開水洗淨瀝乾。
4. 將步驟 1 ～ 3 拌勻，放入冰箱冷藏 1 小時即可取出使用。

廚房小祕訣

❶ 水果醋可以嘗試各種不同風味，家人喜歡的口味即可。

果醋麻醬拌山藥

材料

1　山藥　**300g**
2　枸杞子　少許
3　沸水　**1** 鍋

調味料

1　白芝麻醬　**1 ～ 2** 大匙　（視喜歡口味調整）
2　水果醋　**1** 大匙　（此處用黑豆桑蘋果淳）
3　糖　**1／2** 大匙
4　鹽　**1** 小搓

步驟

1　山藥去皮後放入沸水中煮 1 分鐘，取出放入冰開水中冰鎮，降溫後撈起瀝乾。
2　將山藥切成約 6 公分長、1 公分寬的長條狀，放入餐盤中。
3　枸杞子用熱水泡軟後瀝乾備用。
4　調味料 1 ～ 4 用一個小碗拌勻，淋在步驟 2 山藥條上，灑上枸杞子裝飾即可。

CHAPTER
6

粥粉飯麵主食類

吃膩了白飯和白麵條嗎？運用不同的料理方式，

口味可以更加豐富！

有雲吞、炸醬麵及粄條等，

不用上餐館也能吃到滿滿好料哦！

廚房小祕訣

① 熬粥的高湯需一次加足，中途不可再加，否則就不好吃了。

② 小米也可以換成碎玉米，或是兩種混合，很適合中老年人食用。

③ 只要腥味淡的白肉魚片都很適合，或是雞胸肉片也很好吃。

魚片小米粥

材料

1	鯛魚片 **200g**		5	雞高湯 **1500ml**	
2	小米 **100g**		6	清水 適量	
3	嫩薑絲 少許		7	鹽 適量	
4	枸杞子 適量				

材料

1 鹽 **1／4** 小匙
2 米酒 **1／2** 小匙
3 太白粉 **1** 大匙

步驟

1 將小米用水洗淨，加入淹過小米約 2 公分的清水浸泡 2 ～ 3 小時，
浸泡後瀝乾備用。

2 將鯛魚肉切成約 0.3 公分薄片，放入醃料抓醃，靜置 10 分鐘備用。

3 將砂鍋中放入雞高湯煮沸，下步驟 1 浸泡過的小米，中大火滾 5 分
鐘。（雞高湯份量可以微調。）

4 加蓋轉小火煮約 20 分鐘，開蓋後用湯匙攪拌幾分鐘（煮至小米開花
熟透）。（攪拌可以幫助煮出米油，粥才會好喝。）

5 放入魚片煮至熟透，灑上泡軟的枸杞子、嫩薑絲，加少許鹽（可不
放）調味即可。

廚房小祕訣

❶ 炸帶魚可改成炸鯃魚，或是改成清燙的小卷（就變小卷米粉湯啦）。

❷ 魚類不放，改成放 1 顆量的芋頭，就是芋頭米粉啦！

帶魚米粉湯

材料

1　帶魚（小尾）　1尾
2　米粉（炊粉）　1～2片
3　芋頭　1／4顆
4　去皮豬五花肉　100g
5　開陽（蝦米）　10g
6　乾香菇　5朵
7　青蒜苗　1根
8　紅蘿蔔粗絲　適量
9　芹菜末　適量
10　紅蔥酥　適量
11　高湯（或清水）1500～1800ml

帶魚醃料

1　米酒　1大匙
2　白胡椒粉　1小匙

調味料

1　米酒　2大匙
2　魚露　1大匙
3　白胡椒粉　適量
4　糖　1小匙
5　鹽　適量

註 額外配料可以加入炸蛋酥。

步驟

1 帶魚洗淨切塊，用醃料抓拌，靜置醃 10 分鐘。

2 將步驟 1 帶魚塊拍上薄薄一層麵粉，以半煎炸的方式，煎至香酥備用。

3 芋頭去皮，切約 2 公分大丁，一樣以半煎炸的方式，炸至金黃備用。

4 米粉泡軟後瀝乾，用剪刀稍微剪成 5 公分左右大段。

5 香菇泡軟擠乾水分切絲，開陽用米酒水稍稍泡過瀝乾，青蒜苗分為蒜青與蒜白，豬五花肉切細條。（香菇水可以保留做為簡單的高湯使用。）

6 炒鍋中放入少許油燒熱，下豬五花肉條炒至金黃，接著下香菇絲、開陽、青蒜白、紅蘿蔔絲炒香。

7 沿鍋邊下米酒嗆香，放入高湯（份量可增減），大火燒開後轉中火，保持沸騰狀態煮 10 分鐘。

8 放入芋頭丁煮 5 分鐘，米粉煮 1 分鐘，放上炸香帶魚塊煮 3 分鐘。

9 用調味料 2 ～ 5 調味，起鍋前灑上青蒜末、芹菜末、紅蔥酥即可。

廚房小祕訣

1. 牛蒡用刀背刮去外皮,切絲後要泡水(水中放 1 大匙醋)避免氧化變色。
2. 用大同電鍋則外鍋 1.5 杯水,蛤蠣湯汁改放 1.8～1.9 杯,跳起後燜 10～15 分鐘。
3. 電子鍋則用一般炊飯程序,蛤蠣湯汁改 1.8～1.9 杯。

蛤蠣牛蒡炊飯

材料

1　香米　2 米杯
　　（洗淨泡 20 分鐘，瀝乾水
　　分備用）
2　蛤蠣　1200g
3　牛蒡絲　200g
4　嫩薑絲　適量

5　燙熟四季豆　適量
6　清酒　1 大匙
7　本味霖　1 大匙
8　醬油　1 大匙
9　高湯或清水　500ml
10　白芝麻油　適量

炊飯調味料

1　蛤蠣湯汁　2.1 ～ 2.2 米杯
2　本味霖　1 大匙
3　醬油　1 大匙

步驟

1   將蛤蠣放入湯鍋中，加入清水煮沸，放入蛤蠣、清酒燜煮約 1 分鐘。

2   蛤蠣開口後取出蛤蠣肉，湯汁過濾，保留 2.1 ～ 2.2 米杯湯汁與炊飯
    調味料 2、3 拌勻，即為炊飯醬汁。（湯汁如果不足，用日式高湯或
    清水補足。）

3   炒鍋中放少許白芝麻油，下牛蒡絲、本味霖、醬油，稍稍拌炒至有
    香氣，盛出備用。

4   土鍋（或鑄鐵鍋）放入香米，倒入炊飯醬汁，開中大火煮開後，稍
    微攪拌一下避免沾底。

5   快速鋪上嫩薑絲、步驟 3 牛蒡絲、蛤蠣肉，蓋上鍋蓋轉文火，煮 10
    分鐘後熄火，燜 10 ～ 15 分鐘。
    （瓦斯爐外圈，11 點鐘方向火力即為文火。如喜歡比較軟嫩的口感，
    蛤蠣肉可以留在步驟 6 才拌入。）

6   開蓋後，放入切片的熟四季豆，用飯匙翻拌均勻即可。

廚房小祕訣

❶ 青江菜可以改小油菜、小松菜…等。

❷ 改用台式的香腸也不錯喔。

214

DELICIOUS RECIPES | 04 |

拌臘味菜飯

材料

1　熱米飯　**4** 碗
2　青江菜　**100g**
3　臘腸　**1** 根
4　肝腸　**1** 根
5　黃酒　**1** 大匙
6　萬用調味醬油汁　**1** 大匙
7　白芝麻香油　適量

步驟

1　臘腸、肝腸洗淨，淋上黃酒蒸 20 分鐘，取出切小碎丁備用。（用電鍋蒸則外鍋一杯水。）
2　青江菜洗淨，分成菜梗、菜葉，分別切碎備用。
3　炒鍋中放少許油燒熱，下步驟 1 臘味丁，炒至出油微焦有香氣，盛出備用。
4　原鍋用炒臘腸留下的油，下青江菜梗炒 1 分鐘，續放入菜葉炒至菜軟即可盛出備用。（如口味較重，此處可放入少許鹽調味。如臘腸油不多，可以下少許香油。）
5　趁熱將萬用調味醬油汁、臘味丁、青江菜拌入熱米飯中即可。

廚房小祕訣

1. 買來的粄條如果會沾黏，可以用水泡一下，下鍋前瀝乾就可以。
2. 牛肉如果希望口感更軟嫩，可以先浸泡清水 30 ～ 60 分鐘後再使用。
  （我個人比較不愛這方式，覺得牛肉味會變淡～）

蠔油牛肉炒粄條

材料

1 粄條 300g
2 牛菲力肉 300g
3 洋蔥 1／4 顆
4 韭黃 100g
5 綠豆芽菜 50g
6 青蔥 2 根
7 調理油 適量

牛肉醃料

1 醬油 1 大匙
2 蛋黃 1 顆
3 白胡椒粉 少許
4 黃酒 1 大匙
5 太白粉 1／2 大匙
6 香油 1 小匙

調味料

1 醬油 1 大匙
2 蠔油 2 大匙
3 糖 1 小匙
4 白胡椒粉 適量
5 高湯（或清水） 100ml（可增減）

步驟

1　牛肉切約 0.3 公分片，用醃料 1～4 先抓拌均勻，續放入醃料 5～6 拌勻，靜置 15 分鐘備用。（抓拌要稍微用力，讓水分完全被牛肉吸收。）

2　洋蔥切粗條、韭黃切段、青蔥切段（分為蔥白與蔥綠）、豆芽摘去根部備用。

3　熱鍋下多些油燒熱，放入步驟 1 牛肉片炒至 7 成熟後撈起備用。

4　原鍋保留少許油下洋蔥、蔥白炒香，沿鍋邊下調味料 1～4 炒出香氣，放入高湯煮沸。（調味料中的醬油沿鍋邊觸鍋倒入，可以增加香氣。）

5　下粄條翻炒至均勻沾滿醬汁，放入步驟 3 牛肉、韭菜、豆芽、蔥綠，大火拌炒至完全收汁即可。

廚房小祕訣

① 加入在來米粉可以讓南瓜餅比較不黏口,斷口性較佳。(也可以用玉米粉、蓬萊米粉。)

② 用番薯或芋頭都可以做喔。

紅豆南瓜餅

材料

1 去皮南瓜淨肉　300g
2 糯米粉　250g
3 在來米粉　50g
4 二砂糖　適量
　　（以南瓜甜度增減份量）
5 白芝麻粒　適量
6 麵包粉　適量
7 市售紅豆餡　240g

步驟

1 南瓜切小片放入蒸籠蒸熟，取出後，趁熱加入二砂糖搗泥備用。
　　（或用電鍋外鍋 1 杯水蒸熟，可以封上耐熱保鮮膜，避免蒸氣水滴
　　入。）
2 將糯米粉及在來米粉分次拌入放涼的步驟 1，揉至光滑不沾手。
　　（如果會黏手，可適量增加糯米粉。）
3 將南瓜糯米糰分成 50g 一份，紅豆餡分成 20g 一份。
4 將南瓜糯米糰搓圓，壓扁後包入內餡收口，將米糰再壓成約 1 公分
　　圓餅狀。
5 沾上白芝麻粒（或麵包粉），入鍋，小火油煎至兩面金黃即可。
　　（如芝麻粒或麵包粉不好沾附，可以在南瓜餅上刷上少許水分。）

廚房小祕訣

❶ 如果雲吞要冷凍保存，需要在雲吞外層拍上適量的太白粉或是玉米粉防止沾黏。

❷ 一般餡料菜肉比例，菜 2：肉 1，但是我比較喜歡吃肉，所以肉的比例較多。

紅油鮮蝦雲吞

材料

1 小蝦仁　**300g**
2 豬梅花細絞肉　**300g**
　　（請攤商絞 **2** 次）
3 韭黃　**200g**
　　（韭菜、芫荽、薺菜等等）
4 黃酒　**1** 小匙
5 雲吞皮　**20** 張
6 潑油辣子　適量
7 萬用調味醬油汁　適量
8 烏醋　**1** 大匙
　　（不喜歡吃酸者可以不放）

調味料

1 蛋黃　**1** 個
2 糖　**1** 小匙
3 鹽　**2** 小匙
4 白胡椒粉　**1** 小匙
5 太白粉　**1** 大匙
6 香油　**1** 大匙

Chapter 6 ——

粥粉飯麵主食類

金魚尾雲吞

Chapter 6 —— 粥粉飯麵主食類

步驟

1　蝦仁挑去腸泥，用少許份量外的鹽抓拌後洗淨，充分擦乾後用刀背稍拍切大丁，加入黃酒拌勻備用。

2　韭黃洗淨晾乾，切約 0.5 公分小粒。

3　調理盆中放入細絞肉、步驟 1 蝦仁、調味料 1 ～ 5，順時針拌勻至出現黏性。

4　鋼盆中續放入步驟 2 韭黃、香油，拌勻後放入冰箱冷藏 30 分鐘。

5　取約 40g 內餡包入雲吞皮（如示範圖），包好的雲吞放入熱水鍋中煮至浮起。（如喜歡小顆雲吞則自行調整餡料份量。）

6　取碗內放入適量的潑油辣子、萬用調味醬油汁、烏醋（可不放），放上煮熟的雲吞及少許蔥花即可。（還可搭配榨菜末、炸黃豆一起食用。）

廚房小祕訣

❶　如果怕羊肉煮太老，可以炒好後先撈起，在步驟 4 的時候在與刀削麵同煮即可。
　　（我個人認為一起煮，湯比較好喝～）

清湯羊肉麵

材料

1　新鮮刀削麵　**1** 球
　（約 **120g** ～ **150g**）
2　羊肉火鍋片　**300g**
3　大蔥　**1** 根
　（沒有大蔥可以改青蒜苗）

4　芫荽末　適量
5　潑油辣子　**1** 大匙
6　料理油　適量

調味料

1　米酒　**1** 大匙
2　醬油　**1** 小匙
3　孜然粉　**1／2** 小匙
4　白胡椒粉　**1／2** 小匙

5　鹽　適量
6　雞高湯　**500** ～ **800ml**
　（有羊骨頭湯更好）

步驟

1　大蔥切斜片備用。
2　刀削麵放入沸水中煮至 9 分熟，撈起備用。
3　炒鍋中放入少許油，下羊肉片炒至微焦黃，續下大蔥炒軟，放入調味料 1 ～ 4 炒香。
4　放入高湯煮沸，放入步驟 2 麵條煮 1 ～ 2 分鐘，放入鹽調味。
5　盛碗之後灑上大把芫荽末，淋上潑油辣子即可。
　（不吃辣可以改放少許香油。）

廚房小祕訣

❶ 如有東北農家大醬味道會更正宗。

❷ 雞蛋醬除了當澆頭之外，還可以當黃瓜、大蔥、捲餅等沾醬食用。

農村雞蛋炸醬麵

材料

1　雞蛋　4 顆
2　大蔥　1 根
　　（沒有大蔥可用青蔥代替）
3　尖椒　1 個
4　甜麵醬　2 大匙

5　陳年豆瓣醬　1 大匙
　　（喜歡辣味可改辣豆瓣醬）
6　冰糖　1 小匙
7　清水　200m
8　料理油　適量

註 甜麵醬、豆瓣醬各家鹹度不一，可以自行微調比例。

步驟

1　雞蛋打散、大蔥切粗末、尖椒切粗末備用。
2　炒鍋中放稍多點油，小火，下雞蛋炒散（盡量越鬆散越好）盛起備用。
3　原鍋下大蔥末、尖椒末、甜麵醬、豆瓣醬、冰糖炒出醬香。
4　放入步驟 2 雞蛋拌炒至有香氣，倒入清水，中小火燉煮至濃稠有香氣。
5　將雞蛋醬澆在煮好的家常麵上即可。

廚房小祕訣

❶ 市售的袋裝烏龍麵，為了保存通常會加入酸度調節劑，所以川燙是為了去除酸味。
（如果包裝袋上成分表上沒有使用調節劑，可以省略川燙步驟。）

❷ 海鮮先川燙是預防出水及去除腥味，也可以事先用拌炒的方式備用。

炒咖哩海鮮烏龍麵

材料

1	袋裝烏龍麵　2 包	5	洋蔥　50g	
	（1 包約 240 ～ 250g）	6	紅蘿蔔　適量	
2	蝦仁　100g	7	高麗菜　100g	
3	中卷　1 尾	8	蒜頭末　1 大匙	
4	蛤蠣　10 顆	9	料理油　適量	

調味料

1	市售咖哩塊　2 角	3	白胡椒粉　1 小匙	
	（約 50 ～ 60g）	4	高湯（或清水）	
2	醬油　1 大匙		500 ～ 800ml	

> 註　使用市售咖哩塊，品牌辣度可以視家庭口味選擇。

步驟

1　洋蔥、紅蘿蔔、高麗菜切粗絲；中卷去皮、內臟後切小圈或花刀，咖哩塊切碎備用。

2　烏龍麵放入沸水中川燙 1 ～ 2 分鐘後撈起瀝乾備用。（或是直接用熱水浸泡 2 分鐘。）

3　中卷、蝦仁用沸水（水中加入蔥、薑、米酒）川燙 30 秒備用。

4　炒鍋中放入少許油，下蒜末、洋蔥、切碎的咖哩塊拌炒至有香氣，續下紅蘿蔔、高麗菜炒軟。（如果用咖哩粉，在此放入炒香。）

5　放入高湯（或清水）煮沸，下蛤蠣、川燙過的烏龍麵，中大火煮至微微收汁。

6　續下步驟 3 川燙過的海鮮料、醬油、白胡椒粉拌炒至完全收汁即可。

CHAPTER
7

湯品類

學會了各種菜餚及主食外，當然也要端上一鍋湯囉！
這章節教你傳統小吃，還有各式湯品。上桌後馬上被
秒殺的香味四溢湯品，請一定要煮給全家人品嚐！

廚房小祕訣

❶ 魚肉可以改用海鰻魚、台灣鯛魚肉、鬼頭刀…等。

❷ 可以添加大白菜,讓湯頭更清甜。

❸ 地瓜粉勾芡可以讓羹湯不會返水。

| DELICIOUS RECIPES | 01 |

紅糟土魠魚羹

材料

| 1 | 土魠魚 | 600g |
| 2 | 地瓜粉 | 適量 |

魚肉醃料

1　紅糟醬　2大匙
2　薑泥　1大匙
3　蒜泥　1小匙
4　糖　1大匙
5　黃酒　2大匙
6　白胡椒粉　1小匙
7　五香粉　1小匙
8　醬油　1大匙

炸紅糟魚步驟

1　魚肉切成約寬條狀，用魚肉醃料抓拌均勻，冷藏醃 1～2 小時。
2　將步驟 1 魚肉均勻拍上地瓜粉，靜置返潮備用。
3　先用中溫油（約 140 度）炸熟撈起瀝乾（約 2 分鐘），再用高溫油（約 170 度）回鍋搶酥（約 0.5～1 分鐘）。

羹底材料

1　炸紅糟魚　適量
2　蝦米　1 大匙
3　乾香菇　10 朵
4　蒜末　2 大匙
5　熟綠竹筍　1 根
6　胡蘿蔔　1／2 根
7　芫荽（香菜）　適量
8　地瓜粉水　適量
9　白芝麻香油　適量
10　雞高湯（或清水）
　　1500 ～ 2000ml

羹湯調味料

1　烏醋　1 大匙
2　白胡椒粉　適量
3　糖　1 大匙
4　鹽　適量

> 註 羹湯勾芡地瓜粉：水的比例為 1：1

步驟

1　熟綠竹筍切絲，胡蘿蔔切絲，香菇泡發擠乾水分切絲，芫荽切碎備
　用。
2　湯鍋中下少許香油，入蝦米、香菇絲、蒜末炒香，續下胡蘿蔔絲、
　綠竹筍絲炒軟。
3　放入高湯大火燒開後轉中小火煮 15 分鐘，放羹湯調味料調味，起鍋
　前用地瓜粉水勾薄芡煮開即可。
4　裝碗順序：羹→炸紅糟魚→香菜。

廚房小祕訣

❶　滾水下鍋、放少許醋、大火煮沸，都是可以讓湯呈現出奶白色的作法。

鮮魚豆腐奶白湯

材料

1   小條海魚　2 條
2   豆腐　1 塊
3   老薑片　5 片
4   黃酒　1 大匙
5   糯米醋　1 小匙
6   白胡椒粒　1 大匙
7   熱水　800 ～ 1000ml
8   芫荽（香菜）　適量
9   油 & 鹽　適量

步驟

1   豆腐切小方塊，小海魚洗淨擦乾水份備用。
2   炒鍋燒熱放入少許油，下薑片煸出香氣後夾出。
3   將小海魚下油鍋煎至兩面金黃，沿鍋邊嗆入黃酒、糯米醋。
4   注入滾熱水，放入白胡椒粒、豆腐塊，蓋上鍋蓋，中大火滾 10 ～
     15 分鐘。
5   湯成奶白色後放入少許鹽調味，灑上香菜即可。

廚房小祕訣

❶ 當歸加鹽會讓湯頭變苦，因此建議在喝之前才下鹽調味。

❷ 香菇可以改成其他喜歡的菇類。

❸ 羊肉片可以改成羊肉塊；燉煮時間需要拉長成 1 ～ 2 小時左右。

| DELICIOUS RECIPES | 03 |

當歸川芎羊肉湯

材料

1　羊肉火鍋肉片　600g
2　鮮香菇　6 朵
3　薑絲　10g
4　芫荽（香菜）　適量
5　炙當歸　1 片
6　川芎　15g
7　白芷　15g
8　紅棗　10 顆
9　枸杞子　適量
10　黃酒　2 大匙
11　清水　1500ml
12　鹽　適量（可不加）

步驟

1　鮮香菇切片，芫荽切小段備用。
2　湯鍋中放入炙當歸、川芎、白芷、紅棗，大火燒開轉小火煮 30 分鐘。
　　（炙當歸、川芎、白芷因為不食用，可放入棉布袋或是濾茶袋中。）
3　放入薑絲、羊肉片、鮮香菇、黃酒，煮沸後續煮 3 分鐘，如有浮沫
　　用撈網撈除。（放入羊肉前可將不食用的藥材撈除丟棄。）
4　續放入枸杞子煮 1 分鐘，用鹽（可不加）稍稍調味，放入香菜即可。

Chapter 7 ── 湯品類

廚房小祕訣

❶ 燉煮過程中出現的浮沫，要盡可能撈除，可以使湯頭更為清爽。

❷ 白蘿蔔的外皮要削掉厚一點，這樣的蘿蔔吃起來比較嫩。

❸ 食材裡的牛腩（或牛肋條），如果能買到蝴蝶腩來料理會更好吃喔。

| DELICIOUS RECIPES | 04 |

清燉蘿蔔牛腩湯

材料

1	牛腩　1200g	5	米酒　100ml
2	青蒜苗　2 根	6	鹽　適量
3	白蘿蔔　1 條	7	清水　2000 ～ 3000ml
4	薑　3 片		

香料包材料

1	八角　1 個	5	花椒粒　1 小匙
2	丁香　2 顆	6	小茴香籽　1 小匙
3	白胡椒粒　1 大匙（拍裂）	7	芫荽籽　1 小匙
4	白荳蔻　6 顆（拍裂）	8	月桂葉　3 片

步驟

1　將牛腩切塊，川燙至表面變白後撈起，用冷水沖洗雜質瀝乾水分備用。

2　將香料放入棉袋（或濾茶袋）包好，青蒜分為蒜白段跟蒜青粒，白蘿蔔去厚皮切大塊備用。

3　鍋內放入牛腩塊、香料包、蒜白、米酒、薑片、清水，大火煮滾後，轉小火慢燉 60 分鐘。（美國牛約 60 分鐘，本土牛約 90 分鐘。）

4　起鍋前放入蒜青、鹽調味即可。

廚房小祕訣

❶ 用文火煮丸子可以讓丸子不易變形裂開。

| DELICIOUS RECIPES | 05 |

肉丸子青菜粉絲湯

材料

1　細豬絞肉　150g
2　香菜　2～3株
3　小白菜　300g
4　綠豆粉絲　1把
5　蝦米（開陽）　適量
6　雞高湯（或清水）
　　1000～1500ml
7　鹽　適量
8　香油　1大匙

肉丸子調味料

1　米酒　1大匙
2　醬油　2大匙
3　薑泥　1大匙
4　糖　1小匙
5　胡椒粉　適量
6　太白粉　1小匙

肉丸子捏法：

步驟

1. 香菜切碎，綠豆粉絲溫水泡軟，用剪刀剪短一些，小白菜洗淨切小段，蝦米洗淨備用。

2. 將豬絞肉用肉丸子調味料抓拌均勻，順時針稍稍攪打至有黏性，放入香菜拌勻備用。（因為是做較鬆軟的肉丸子而不是貢丸，因此不用摔打出筋。）

3. 將湯鍋中放香油，下蝦米炒香，放入雞高湯（或清水）大火煮沸。

4. 火力改成文火，將步驟2豬肉餡用虎口捏成約2～3公分小丸子，放入湯中煮至丸子浮起。

5. 續放入切段青菜及粉絲，煮熟即可。

廚房小祕訣

❶ 綠竹筍在中途放入，避免煮久竹筍的甜味流失太多，竹筍會變不好吃。

❷ 剝皮辣椒可以改成醬瓜，就變瓜仔竹筍雞湯囉。

剝皮辣椒竹筍雞湯

材料

1　小土雞　1 隻
　　（約 1200g）
2　剝皮辣椒　300g
　　（醬汁＋剝皮辣椒）
3　綠竹筍　1 個
4　蛤蠣　10 個
5　鮮香菇　3 朵
6　青蒜苗　1 根
7　米酒　1 大匙
8　清水　約 1500ml
　　（可適量增減）
9　鹽　適量

步驟

1　土雞切塊，冷水放入鍋中，煮至快沸騰時熄火，浸泡 5 分鐘，撈起用清水洗淨後備用。

2　蛤蠣吐沙洗淨備用，綠竹筍去外皮後切滾刀塊，鮮香菇切片，青蒜苗切末備用。

3　湯鍋中放入步驟 1 土雞肉、剝皮辣椒（連湯汁）、清水，大火燒開後轉中小火，燉 20 分鐘。

4　續放入綠竹筍、香菇片煮至雞肉軟爛，下蛤蠣、米酒，煮至蛤蠣全部打開。

5　起鍋前稍稍用鹽調味（可不放），再灑上青蒜末即可。

廚房小祕訣

❶ 芋頭排骨酥:冬瓜改成芋頭,芋頭入油鍋炸至金黃。

❷ 苦瓜排骨酥:冬瓜改成苦瓜,苦瓜川燙。

❸ 如用鑄鐵鍋或砂鍋燉煮;時間可以縮短成 50 分鐘。

冬瓜排骨酥湯

材料

1	豬軟排　300g	6	白胡椒粉　少許
2	冬瓜　400g	7	高湯（或清水）
	（切 3 公分大塊）		800 ～ 1000ml
3	芫荽　適量	8	鹽　適量
4	青蔥　3 根	9	炸油　適量
5	去膜蒜頭　6 顆		

豬軟排醃料：

1	蒜泥　1 大匙	4	米酒　2 大匙
2	五香粉　1 小匙	5	糖　1 小匙
3	醬油　2 大匙	6	地瓜粉　2 大匙

步驟

1. 豬軟排用醃料 1 ～ 5 抓拌，醃 1 ～ 2 小時。（可放入冰箱冷藏避免變質。）
2. 將步驟 1 豬軟排與地瓜粉，抓拌至無粉粒備用。
3. 油鍋加熱至中高溫（約 170 度），下步驟 1 排骨酥炸至金黃略深（金黃至褐色之間，約 5 ～ 6 分鐘）。
4. 青蔥、蒜頭過油炸至金黃略焦。
5. 湯盅放入步驟 3 排骨酥、步驟 4 青蔥及蒜頭、冬瓜塊、高湯（或清水）、鹽（可於起鍋前放），放入蒸籠中大火蒸 1 ～ 1.5 小時。
6. 起鍋後放入白胡椒粉、芫荽即可。

廚房小祕訣

❶　雞肉可以換成瘦的豬絞肉，湯中可添加牛蒡也很美味喔。

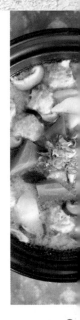

| DELICIOUS RECIPES | 08 |

雞肉丸子味增湯

材料

1	去皮雞胸肉　250g（或是去皮雞腿肉）	5	青蔥末　適量	
2	馬鈴薯　1 個	6	味噌　適量	
3	紅蘿蔔　1 條（中型）	7	日式高湯　1500ml（或是雞高湯、清水）	
4	鮮香菇　5 朵			

雞肉丸子調味料

1	洋蔥末　2 大匙	5	胡椒粉　適量	
2	薑泥　1 小匙	6	米酒　1 小匙	
3	蛋白　1 個	7	鹽　1 小匙	
4	太白粉　1 小匙			

步驟

1　紅蘿蔔切小塊、馬鈴薯切小塊、鮮香菇切片備用。。

2　將雞胸肉用刀（或調理機）剁成末，放入雞肉調味料 3 ～ 7 拌勻，順時針攪打至有黏性，放入洋蔥末、薑泥拌勻。

3　將湯鍋中放入雞高湯、紅蘿蔔塊，大火煮沸後轉中火煮 10 分鐘，續下馬鈴薯塊、鮮香菇煮至熟透。

4　將火力調成小火，用虎口將絞肉泥擠成小丸子，放入湯中煮至浮起，放入味噌調味，灑上蔥花即可。

廚房小祕訣

❶ 綠色蔬菜可以用：菠菜、青江菜、小松菜、油菜、小白菜等等。

❷ 蛋花用燜熟的方式會比較滑嫩。

❸ 可以勾薄芡成羹湯，會有另一種不同風味。

| DELICIOUS RECIPES | 09 |

金針菇蔬菜蛋花湯

材料

1　金針菇　**1包**

2　乾金針花　**10g**

3　綠色蔬菜　**50 ～ 100g**

4　雞蛋　**2顆**

5　白胡椒粉　**適量**

6　白芝麻香油　**適量**

7　鹽　**適量**

8　日式高湯　**1000ml**

　（可參考食譜內「日式高湯」作法）

步驟

1　金針菇切掉蒂頭，對切成2截；乾金針花清水洗淨；綠色蔬菜切細絲；雞蛋打成蛋花備用。

2　湯鍋中放入高湯、金針菇、金針花，大火煮沸後轉小火煮3分鐘。

3　續放入蔬菜絲煮1分鐘，下蛋液淋成蛋花後熄火，蓋上鍋蓋燜1分鐘。

4　放入鹽、白胡椒粉、白芝麻香油調味即可。

廚房小祕訣

❶ 柴魚高湯＝ 1000ml 清水＋ 20g 柴魚片

❷ 昆布高湯＝ 1000ml 清水＋ 10g 昆布（或是 15cm 一截）
（昆布高湯可以用冷水浸泡一晚的方式製作，不需熬煮。）

日式高湯 &
高湯柴魚片應用

材料

1　高湯昆布　1 片
　（約長度 15cm 或是重量 10g）
2　柴魚片　20g
3　清水　1500ml

步驟

1　將昆布用廚房紙巾（或乾淨抹布）稍稍擦拭一下。
2　高湯鍋中放入清水及昆布，浸泡約 60 分鐘備用。
3　開火，將步驟 2 高湯煮至快沸騰狀態，將昆布夾出，繼續將高湯煮
　滾後熄火。（夾出昆布時間為，約溫度 90 度，水面邊緣微微開始冒
　泡的時候。）
4　續放入柴魚片，浸泡 20 ～ 30 分鐘，過濾後即是高湯。

Chapter 7 —— 湯品類

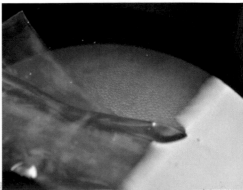